高等职业院校"互联网+"系列精品教材

U0656195

虚拟现实与三维交互技术

主编　徐　俊　陈　茹　赖俊菘　陈冠雄

電子工業出版社·
Publishing House of Electronics Industry
北京·BEIJING

内 容 简 介

本书讲解虚拟现实与三维交互技术，采用校企合作、校校合作方式编写，注重培养学生对虚拟现实与三维交互技术的应用能力，主要内容包括了解行业背景、交互叙事与技术实现、学习工作流技术标准。其中，项目 1 是进行虚拟交互设计的基础，也是必修内容，可以满足大多数院校的课程教学需要；项目 2 主要介绍交互叙事与技术实现，结合交互叙事的 4 种叙事特征，通过企业典型实训项目介绍思维导图在虚拟现实与三维交互项目中的应用，包括在 5G 智慧家居、文旅、红色展厅项目中的应用；项目 3 主要介绍工作流技术标准。

本书既可以作为高等职业本科与专科院校计算机类、电子信息类、数字媒体类等专业的教材，又可以作为开放大学、成人教育、自学考试、中等职业学校、培训班的教材，以及作为三维交互技术人员的参考用书。

图书在版编目（CIP）数据

虚拟现实与三维交互技术 / 徐俊等主编. —北京：电子工业出版社，2023.5

高等职业院校"互联网+"系列精品教材

ISBN 978-7-121-45538-4

Ⅰ. ①虚⋯　Ⅱ. ①徐⋯　Ⅲ. ①虚拟现实－高等职业教育－教材　Ⅳ. ①TP391.98

中国国家版本馆 CIP 数据核字（2023）第 078810 号

责任编辑：陈健德

印　　刷：三河市良远印务有限公司
装　　订：三河市良远印务有限公司
出版发行：电子工业出版社
　　　　　北京市海淀区万寿路 173 信箱　　邮编：100036
开　　本：787×1 092　1/16　印张：10　　字数：256 千字
版　　次：2023 年 5 月第 1 版
印　　次：2025 年 7 月第 3 次印刷
定　　价：49.00 元

凡所购买电子工业出版社图书有缺损问题，请向购买书店调换。若书店售缺，请与本社发行部联系，联系及邮购电话：（010）88254888，88258888。

质量投诉请发邮件至 zlts@phei.com.cn，盗版侵权举报请发邮件至 dbqq@phei.com.cn。

本书咨询联系方式：chenjd@phei.com.cn。

前 言

　　虚拟现实技术是在 20 世纪发展起来的一项全新的实用技术。虚拟现实技术囊括了计算机技术、电子信息技术、仿真技术，基本实现方式是利用计算机模拟虚拟世界，从而给人以环境沉浸感。随着社会生产力和科学技术的不断发展，各行各业对虚拟现实技术的需求越来越大。虚拟现实技术也取得了巨大进步。

　　本书针对目前的虚拟现实技术、相关应用领域的进展情况，以及国产替代的趋势，以培养学生实际工作能力为出发点，以高等职业院校虚拟现实专业人才培养目标为依据，突出课程思政内容，将红色展厅等爱国主义教育基地中的内容与现代新兴技术应用领域相结合作为案例的来源，如"开发红色展厅虚拟交互项目""开发 5G 智慧家居虚拟交互项目""开发文旅虚拟交互项目"等。

　　在教材结构安排上，编者将国内虚拟现实领军企业的工程案例按照高等院校的教学特点和要求，进行了二次研发，将"了解行业背景""交互叙事与技术实现""学习工作流技术标准"3个部分作为教材的主要组织模块。其中，企业工程师负责"了解行业背景"和"学习工作流技术标准"部分的撰写，高等职业院校的教师负责"交互叙事与技术实现"部分的撰写。在知识的选取上，编者坚持够用、实用的原则，进一步强化知识与技能训练的融合，从而更加体现教材在编写上的科学性、合理性、实用性和针对性，体现在"教""学""做"中"知行合一"的中心思想。

　　本书力求展现行业背景，立足国产引擎的应用，提取虚拟现实交互设计的关键技术组织案例，配合可视化作业单，做到易学易用。编者以结果导向方式选取教材内容，并且采取理论与实践相结合的一体化编写形式，每部分的内容都是在先分析所需达到的技术实践水平后，再确定相应的技术理论知识，并配有适合的技能训练项目。本书难度适中，学练结合，内容系统。

　　因编者水平有限，加之编写时间仓促，书中难免存在疏漏和不足之处，恳请广大读者批评指正。

　　为了方便教师教学，本书提供了配套的电子教学课件、微课视频及练习题参考答案等，有需要的教师可以扫书中二维码阅览或下载相应的教学资源，也可以登录华信教育资源网（http://www.hxedu.com.cn）免费注册后下载。

编者

目　录

项目 1

了解行业背景

任务 1.1 理解虚拟现实、增强现实、混合现实技术的概念及 VR 技术的发展

学习目标	了解	虚拟现实、增强现实、混合现实技术的概念
		VR 技术的基本原理及运行方式、VR 技术的行业发展历程
建议学时	1 学时	

1.1.1 虚拟现实、增强现实、混合现实技术的概念

虚拟现实（Virtual Reality，VR）技术指采用计算机技术生成一种虚拟世界，用户借助专用输入/输出设备，与虚拟世界中的物体进行交互的技术。增强现实（Augmented Reality，AR）技术指将计算机生成的虚拟图像通过手机、平板等设备与真实环境融合的技术。混合现实（Mixed Reality，MR）技术指通过真实世界和虚拟图像混合，产生新的可视化、实时环境的技术。

1.1.2 VR 技术的基本原理及运行方式

VR 技术利用计算机模拟产生一个三维虚拟世界，为用户创造可以身临其境、及时、没有限制地观察三维空间中的事物并与之互动的环境。在用户进行位置移动时，计算机可以立即进行复杂的运算，将精确的三维世界中的图像传回计算机，让用户产生身临其境之感。

1.1.3 VR 技术的行业发展历程

VR 技术的概念从 20 世纪 60 年代提出至今，经历了多轮反复的"炒作—冷却"。而从 2015 年末到 2016 年，GearVR、HTC Vive、Oculus Rift、PlayStation VR 相继发售，标志着具有沉浸式和穿越感体验的 VR 技术开始商业化。数十年间，硬件技术和软件内容的进步，是 VR 技术商业化的前提条件。

1992 年，Sense8 开发了软件开发包 WTK，极大地缩短了 VR 系统的开发周期。1993 年，波音公司使用 VR 技术设计出波音 777 飞机。1993 年，世嘉游戏机的 VR 头戴问世。1995 年，美国伊利诺伊大学的学生研发出 VR 系统 CAVE，通过创建一个三壁式投影空间，配合立体液晶快门眼镜来实现沉浸式体验，这对现代 VR 技术起到了极大的推动作用。2012 年，Oculus 团队在众筹平台上开始了首秀，向全世界人民展示未来 VR 头戴式设备的前景。2014 年，索尼公司发布了 PlayStation 专用 VR 头盔 Morpheus。同年，Virtuix 宣布了开发 VR 跑步机，允许用户用自己身体的活动来控制游戏人物。Google 发布 Google CardBoard，让消费者能够以非常低廉的成本通过手机来体验 VR 世界，这直接掀起了今日的移动 VR 超级浪潮。

至此，国内 VR 产业由技术、硬件、内容、开发者、渠道、资本等同步推进的生态圈已经初步形成，上、下游环节已经形成，上游应用如睿悦信息的 VR 系统及 VR 一体机，头部公司包括百度网讯、科大讯飞、贝壳找房、上海影创等。Pico 则已经成为国内头部消费级 VR 硬件及内容平台，Pico 一体机市场占有率达到全球第二。下游应用包括 VR 直播央视春晚、VR 主题乐园等，应用场景拓展至城市治理、军事演习、航空航天、工业生产、建筑施工、会议展览、互动游戏、教育科普、医疗、农业等方面。

任务 1.2　了解相关技术及软硬件

学习目标	了解	5G 视频流与边缘计算、智能大数据、国产替代的趋势
建议学时	1 学时	

1.2.1　5G 视频流与边缘计算

1. 什么是 5G 视频流

随着 4K、8K 等技术的普及和内容服务需求的持续增长，超高清视频内容在采集、制作、传输、呈现等产业链中的若干痛点有望依靠云计算、人工智能（AI）等前沿科技的赋能获得解决方案。5G 时代视频技术具有三大基本趋势，分别为超高清视频流传输、沉浸式互动体验、内容生态"超视频化"。由于 5G 大带宽、低时延的特点，将能够同时实现超高清视频的高速移动和实时播放。此时，直播业务迎来了广阔的应用前景，广泛覆盖于体育赛事、演唱会、真人秀等场景。

5G 将弥补 VR、AR、MR 技术应用的短板，提高虚拟世界与真实世界的交互效率，保证人们可以在易携带、高性能的终端上享受 VR、AR、MR 技术所产生的环境中的内容，同时将赋能全息技术，使其在远程互动教学、会议、医疗等诸多场景中可以广泛使用。5G 与 4K/8K、AR/VR、AI 等技术融合，将催生出更多样的视频内容形态，进一步影响移动互联网应用业务朝着"视频流"的趋势发展，极大地丰富人们的工作和生活体验。

2. 边缘计算发展的背景和全球趋势

在过去的多年里，算力和资源在集中式架构和分布式架构之间交替出现。进入 21 世纪，随着互联网、企业 IT 和智能手机的大规模商用，掀起了以大型集中服务器群为基础的云计算浪潮。一些公司成为这个领域的领军者，如微软、谷歌、IBM、Oracle、阿里巴巴和腾讯等。

尽管边界很难严格定义，但种种可靠迹象表明，边缘计算这一浪潮正在发展，这标志着算力和资源靠近客户部署的分布式转型将成为趋势。

边缘计算的应用前景并不仅限于5G的发展。5G中的MEC技术使运营商将网络逐渐开放给第三方，使企业可以在智能工厂、智慧港口、智慧医院等场所构建专网环境。这些业务场景通常涉及多种应用，要求网络在边缘位置提供超低时延和强大的处理、计算和存储能力。数据无须回传至网络中心，只需在本地即可完成处理、存储和下发。

1.2.2　智能大数据

1．什么是智能大数据

智能大数据是在物理硬件、虚拟世界和云环境中产生的，是端到端普遍可见的数据，并且在深度和广度上均具有一定的规模。企业可以在智能大数据的基础上完整地了解整个智能设备中发生的所有业务，以及终端用户在使用该设备过程中的所有服务情况。这些信息主要包含资产数据、运行数据、承载数据、日志数据等基础数据。

利用实时资产属性数据、运行属性数据可以有效地对智能资产进行统一管理，其服务于故障处理、容量管理等运维管理工作。利用智能资产承载的业务数据可以实时、有效地预测业务风险，预见业务趋势，挖掘业务问题的原因，做好预防工作，提升业务运营管理水平。

2．大数据如何助力人工智能

大数据和人工智能被视为两个"机械巨人"，许多公司认为人工智能够给他们公司的数据带来改革。大数据可以帮助公司分析现有数据，并从中得出有意义的见解。使用人工智能可以制造智能机器，特别是智能计算机程序和工程。智能机器发送或接收数据，并通过分析数据学习新的概念。众所周知，人工智能的使用将减少人类的整体干预和工作，大数据的介入是变革的关键。机器根据事实做出决定，数据科学家基于大数据将情商囊括进来，让机器做出正确的决定。

数据的数量和准确性是人工智能和大数据融合的关键，能够为任何一个新的品牌和公司带来很多新的概念与选择。人工智能和大数据的结合可以帮助公司在短时间内，以最好的方式了解客户的兴趣。从某种意义上来讲，人工智能为这个时代的经济发展提供了一种新的能量。人工智能飞速发展的背后离不开大数据的支持，而在大数据的发展过程中，人工智能的加入也使得更多类型、更大体量的数据得到迅速分析与处理。

1.2.3　国产替代的趋势

1．自主可控产业链

目前，我国自主可控产业链大致可以分为基础软件（操作系统、数据库、中间件）、基础硬件（CPU、服务器、存储、网络设备）、应用软件（企业服务）三大类。近年来，国家多次明确提出增强自主产业链针对高端芯片、基础软件、生物医药等重点领域的自主可控能力，同时以面向智能化、数字化、物联网化为重点，加快推广应用新技术，加快产业数字化转型。

2．芯片替代

2020年，NetMarketShare发布的全球操作系统市场6月份数据显示，Windows占全世界

计算机份额的 88.18%，在中国大概占有 95% 以上的市场，几乎垄断了整个市场。

经过国内厂家的研发投入，目前自主可控基础软件突破微软生态，基本已达到国际水平。国产操作系统技术趋于成熟，中标麒麟、红旗 Linux 等具有较高的实用性、稳定性和安全可控性，已覆盖服务器、桌面、移动和嵌入式等领域，其产品大多采用开源技术。此外，这些系统在功能、性能，以及对设备、应用软件的支持方面也能满足用户的使用要求，可以支持多种国产化处理器（方舟、龙芯等）架构，满足当前国产化的应用需求。

3. 软件替代

目前，国内多家自主知识产权的国产数据库与国产处理器、操作系统深入融合适配，支持商业化部署、容灾工具使用。国产中间件也已具备替代国外产品的能力，基于 Java 国际标准支持，国产中间件，如东方通、金蝶等与国产操作系统、数据库的兼容适配成效显著，并且可以实现深度定制化开发与优化。此外，国产基础办公软件也已实现与国产操作系统的适配，在对嵌入浏览器的支持、开发接口、界面风格、与 Office 的兼容等方面均表现卓越。

4. 国产引擎替代

在 VR 行业中，国外引擎提供商，如美国虚幻 UE4、英国 Unity、德国 C4D 等拥有多年的全球市场的积累和沉淀；国内引擎提供商，如睿悦信息经过了几年的深耕，自主研发的可视化开发引擎工具（Nibiru Studio）在产品成熟度和客户服务的专业度上，都已经证明了它足以成为服务国内中大型企业的中国引擎类产品。根据艾瑞咨询统计，我国整体软件与服务（Software-as-a-Service，SaaS）行业的市场规模较小。国内企业级 SaaS 市场总体规模较小，相对分散，整体落后于美国 5～10 年。但由于国内的 SaaS 市场可以细分为众多个行业，处于成长期，因此其发展前景广阔。引擎软件行业作为处于各产业关键节点的行业，占国内生产总值的比重更是在过去的几年中迅速增长。

任务 1.3 了解 VR 及相关应用领域

学习目标	知道	VA、AR、MR 技术在工业、文教娱乐、医疗卫生领域的应用
	会选	能够根据技术特点，选出各个应用领域
建议学时	2 学时	

VR 技术利用计算机技术、计算机图形学、传感器技术、仿真技术、多媒体技术、计算机网络技术、并行处理技术，模拟人的视觉、听觉、触觉、味觉等感官功能，使用户能够沉浸在计算机生成的虚拟世界中，并能够通过语言、手势、身体姿势等自然方式和计算机进行实时交互，进而创建了一种以用户为中心的虚拟体验空间。

VR 技术创造的环境具有沉浸感、交互性、想象性 3 个特点。技术的进步已经使计算机模拟形成的沉浸感十分逼真，甚至达到以假乱真、超越真实的视觉效果。交互性通常指"用户—计算机"的互动，以及"用户—计算机—用户"的互动，通过手势、声音、红外等体感识别，用户可以在虚拟世界中对物体进行抓取、声控，也可以经由姿势、运动等控制虚拟世

界中元素的变换。想象性通常指虚拟世界对人类想象力的拓展，通过想象，用户可以创造真实存在的情景，构想真实世界中不存在或不可能发生的事物。根据用户沉浸程度和参与方式的不同，VR 可以分为 4 种，即非沉浸式 VR、沉浸式 VR、分布 VR 及增强 VR。

早期的 VR 技术用于军事和航空航天领域，如虚拟宇航员培训，就是使用 VR 技术模拟太空的环境和宇航员需要完成的操作。这种安全、经济、有效的模拟方法，使得 VR 技术被广泛应用于建筑、教育培训、文化娱乐、医疗卫生等领域的不可见、不可及、危险、不易重复等环节。此外，VR 技术还可以应用于家庭中，以增加沉浸体验感。

1.3.1 工业领域

VR 技术在工业领域的应用主要是对实体工业的一种虚拟展示，即将实体工业中的各个模块转化成数据整合到一个虚拟的体系中，在这个体系中模拟实现工业作业中的每项工作和流程，并实现与之的各种交互操作。VR 技术的出现给工业领域带来了深层次的技术支持，它已经改变了工厂的生产和展示形式。随着 VR 工厂系统的成功开发，从工业生产机械设备的运作状态、工况监测数据到产品的装配、调试环节，都能够实现三维立体可视化，让生产场景真实地呈现在人们眼前。

1. 工业远程巡检

在工业生产和制造过程中，为了使设备安全、稳定地运行而展开的运维巡检工作量巨大，VR 技术的到来使生产人员可以通过数据可视化头显对设备的运转状态、生产环境及潜在隐患等关键信息进行监测和排查，有利于全面、准确、实时地了解整体生产制造的情况，从而提高生产安全系数和生产效率。VR 技术在工业远程巡检场景中主要发挥可视化管理、高效掌握信息与实时记录数据的作用。例如，点巡检人员佩戴的 AR 眼镜中会出现具体的点巡检项目清单；通过室内定位方式或扫描二维码方式可以判断点巡检人员是否到达正确的位置；在点巡检人员到达正确的位置时，通过 AR 眼镜可以进行拍照或录像，同时输入设备数据信息；若有设备故障或其他问题，则可以启动 AR 远程服务系统，连线专家；在点巡检完成后，通过服务器进行所有数据的记录，如点巡检人员、点巡检时间、输入数据、图片/录像等。VR 技术的应用实现了解放人们双手的工作方式，解决了如电网巡检、管路巡检等特殊或危险场合下的痛点。

目前，国内许多公司都有较为成熟的 AR 技术应用案例落地，特别是在航空生产维修、电力巡检、汽车维修等重要工业领域，AR 技术商业化步伐正在加快。亮风台与中国联通、罗克韦尔共同为中国商用机有限责任公司（简称中国商飞）国产大飞机打造了 AR 智能生产线。启动该生产线不仅可以实现生产流程及物联网信息的三维可视化，而且能够实时控制生产线的生产运行情况，把生产中的数据信息与真实场景紧密融合。通过连接生产线与物联网体系，生产各环节与设备之间可以高效协同，进而推动飞机生产制造的自动化、智能化升级。

深圳增强现实技术有限公司与国家电网联合研发了电力行业的 AR 智能眼镜工作辅助与培训系统，针对 AR、AI 等新技术改善了电力巡检状况，提高了巡检的效率，避免了巡检人员的缺口，确保了电力系统运行更加稳定，并且进一步推动了巡检工作的标准化、管理的科学智能化、监督的自动化。工业远程巡检应用场景如图 1-1 所示。

图 1-1　工业远程巡检应用场景

2．多人虚拟仿真技术

多人虚拟仿真技术的优势主要包括两方面。一方面，它可以将渲染负载转嫁至性能强劲的计算机中，避免出现一体化设备性能不佳的问题。另一方面，一体机通过无线的方式连接，摆脱了 PC 头显有线的束缚，合理地分配了两端的处理能力，充分利用了一体机设备性能，降低了系统时延。多人虚拟仿真技术目前已经被业界大量使用。多人虚拟仿真技术使用远程分布式渲染技术，将大多数 VR 技术平台中内容的渲染放在数据工作站、云端，并回显至设备上，大量使用在 5G 虚拟仿真实验室，以及工业设计、工程验收、设计评审等多种工业领域。图 1-2 所示为多人虚拟仿真技术应用场景。

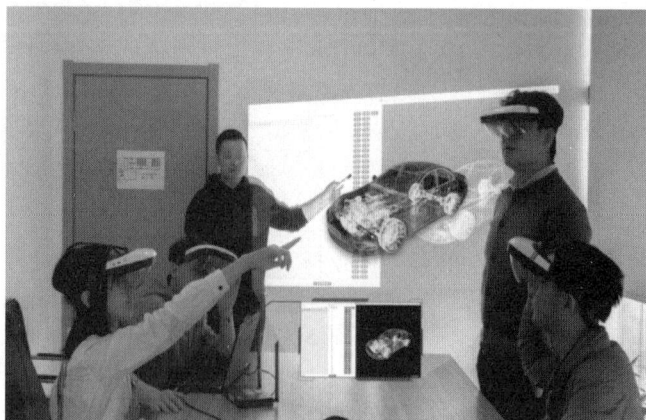

图 1-2　多人虚拟仿真技术应用场景

多人虚拟仿真技术在制造领域的研发、装配、检修环节发挥着重要的作用。在研发方面，中国商飞在 C919 试飞中心使用机载测试系统地面验证平台，对飞行的参数进行监控分析，以确保飞机在预飞和实际飞行中相关参数的准确与正常；福特公司利用多人虚拟仿真技术进行汽车外观和内饰的整体设计。在装配方面，东软公司在虚拟制造模式下，不建厂房，不用设备，只负责整机装配调试；奥迪公司在三维虚拟空间内完成对实际产品装配工作的预估和

校准。在检修方面，江联重工公司基于 AR 头盔与后台支持，建立了生产实时监控与指挥系统、特殊工种体验式培训系统，工人戴上头盔就能看到锅炉零部件的故障和维修步骤，进而确保操作规范，降低机器的维护成本。

3. 虚拟工业培训方式

虚拟工业培训方式是利用 VR 技术生成实时的、具有三维信息的人工虚拟世界，将身临其境学习与全方位运用感官和思维相结合的方式。对比传统培训方式，其更具有仿真性、超时空性、自主性与安全性等特点，使用虚拟工业培训方式可以让学习变得更加有趣。用户通过运用某些设备和相应环境的各种感官刺激而进入其中，并且需要通过多种交互设备来驾驭环境、操作工具和操作对象，以增强培训的沉浸感，更好地建立起对学习的兴趣和概念，从而达到提高各种技能和学习知识的目的。此外，虚拟工业培训方式也是 VR 技术在工业生产中应用最多的方式。如图 1-3 所示，用户在虚拟工业培训——电工的培训中学习如何使用保险丝，按提示将保险丝、滑动变阻器、开关、电源和电流表串联，逐渐增加电路中的电流，并观察变化。此外，虚拟世界中还设置了步骤提示、效果模拟等反馈环节，可以帮助用户顺利完成任务，掌握培训要点。

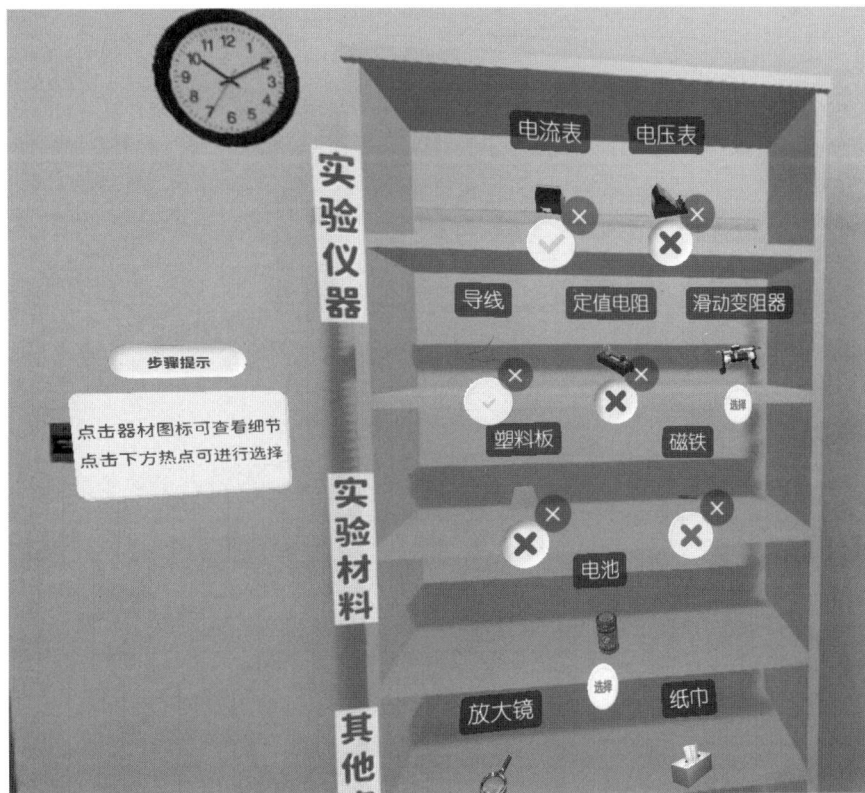

图 1-3　虚拟工业培训方式应用场景

知名工程机械和矿山设备生产厂家卡特彼勒开发了一个 VR 培训程序，该程序用于教授新员工在道路铺设作业中如何避免危险和如何与同事沟通。这个 VR 培训程序时长大约 25 分钟，员工会在这个程序中遇到 5 个工作场景。

卡特彼勒研发这个 VR 培训程序的契机是与美国一家大型国家道路建设承包商的合作。该承包商在全国子公司的员工与卡特彼勒合作开发了农村四车道高速公路铺设作业中常见的场景。在其中一个场景中，工头带领受训人员拿起橙色安全锥桶并将它们放在工作区的指定位置。头显上的画面会显示地面上的锥桶，通过手柄控制器，受训人员需要移动虚拟锥桶并将它放到适当的位置。在另一个场景中，受训人员被要求将铲子拿给站在摊铺机另一侧的工人。当受训人员拿起铲子走向那名工人时，受训人员视线中可能突然有红灯闪烁，这是因为他被一辆卡车撞到了。随后，工头会出现在画面中，他会提示受训人员在卡车和设备后面行走是危险的，并且演示正确的运送方式。在每次受训人员失败时，工头均会提供更详细的指示，直到受训人员通过该场景并进行下一个项目。

4. 数字孪生虚拟仿真系统

数字孪生（Digital Twin）是物理产品的数字化表达，可以在虚拟世界中构建出与物理世界中完全对等的数字镜像，以便对物理世界进行更深层的思考与管理。虚拟仿真系统通过对物理世界的多维度、多领域、多视图的数字仿真模拟，把物理世界中的信息综合在数字世界中，这对制造业的产线升级、效率提升起到至关重要的作用。

下面以华中科技大学工程实践创新中心"面向新工科的智能制造工程训练实践教学平台"的材料成型模块为例进行说明，如图 1-4 所示。该平台主要承担未来智能制造实训教学中的虚拟仿真教学任务。基于实际材料加工设计、生产的全过程，结合虚拟仿真、MR 技术，在虚拟空间中再现产品"需求→设计→CAE 验证→优化设计→加工→检测"的全流程。本系统结合虚拟课件、实际智能生产线虚拟化两部分进行设计，以实现"虽基于现实又超越现实"的教学效果。本系统包括材料热成型虚拟仿真课件库、多工位虚拟仿真实训与考核软硬件平台、基于汽车的半实物 MR 仿真平台、基于站立式的虚拟仿真系统进行车间认知及多工位协同实训和虚拟仿真教学管理系统，用于实现用户信息、课程资源的统一管理。

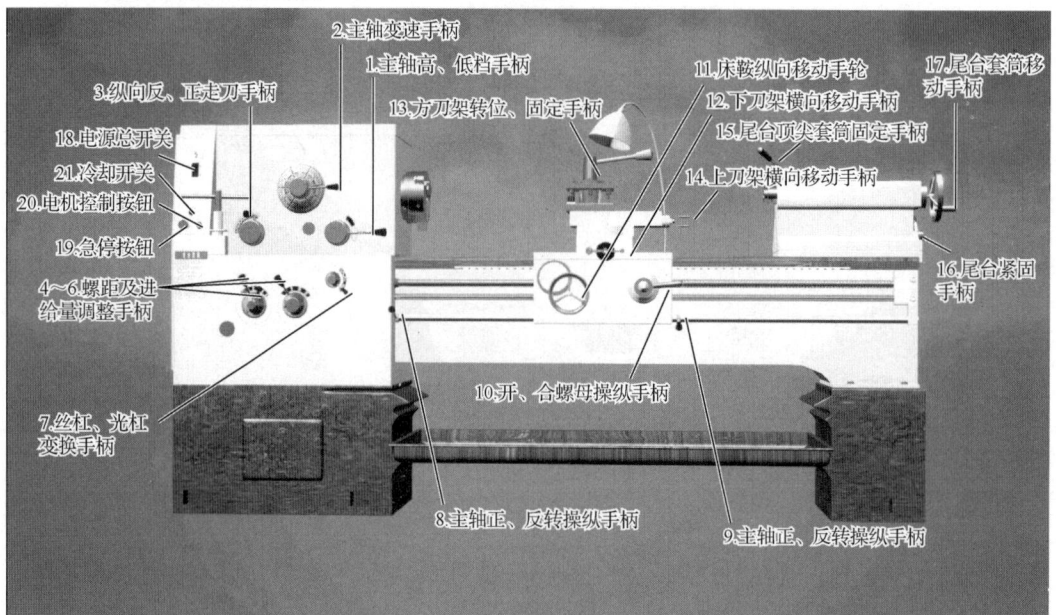

图 1-4　华中科技大学"面向新工科的智能制造工程训练实践教学平台"的材料成型模块

1.3.2　文教娱乐领域

1. 教育培训

一方面，VR技术与教育培训市场结合，以教学内容直观、互动性丰富、教学方式游戏化的特点，呈现出潜力大、目标用户多、涵盖范围广的面貌。其常见应用领域不仅包括语言教育、科技教育等专题类领域，而且包括面向中小学科目的应用，以及面向行业的职业培训等领域。

图1-5所示为VR产品课堂应用场景。在学校课堂中使用VR产品，可以达到提高教学过程中学生的积极性、参与度，增加师生之间的互动，以及拓宽学生视野的效果。此外，使用一些设计精良的VR产品甚至可以达到突出学习重点、化解学习难点的作用。

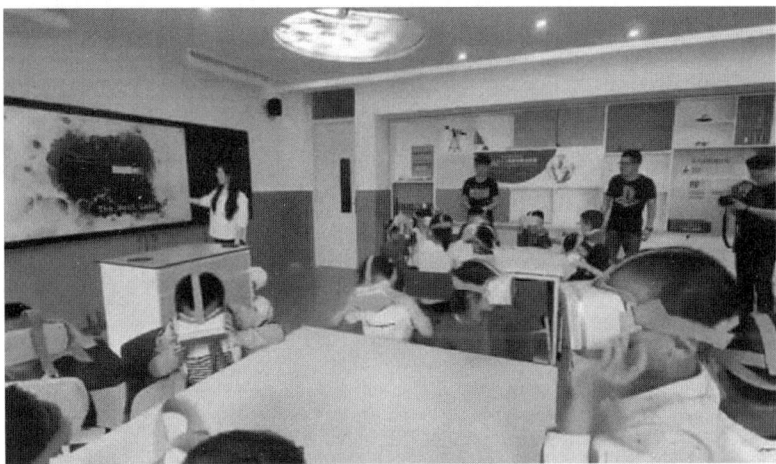

图1-5　VR产品课堂应用场景

另一方面，VR技术与职业培训市场结合，成为当前VR行业应用中的热点。在消防、物流、航空航天等教学与实景实践相结合的领域培训中加入VR技术，利用VR技术良好的交互性，实现学员无障碍地动手操作，不仅可以避免实地实训的风险，降低操作成本，而且能够提高教学质量。图1-6所示为职业培训应用场景。比如，使用教学互动解决方案，可以帮助学生理解复杂的物理概念，如亲身感受月球上的微重力。又如，使用视景仿真系统，可以提供飞行模拟训练一体化解决方案，通过VR技术训练学员掌握分拣技能，开展智能化的物流培训课程等。

近年来，红色中国故事与VR技术结合再现和体验重要事件、重要会议的过程方面的应用组件增多。用户通过VR技术能够亲身"体验"长征、遵义会议等场景，获得身临其境的感受。在现有开发的VR红色中国故事工作站应用场景（见图1-7）中包含海量应用级内容的下载和实时更新，包括视频播放、全景观影VR体验等多种学习形态。

2. 文化娱乐

VR技术与文化娱乐结合，主要面向大众消费者，类型包括游戏、社交、影视、直播、旅游等。VR技术为用户带来更为真实且强烈的感官刺激，而庞大的用户基数，以及核心用户对于新技术的开放性态度使得VR游戏市场有望成为优先发展起来的大众市场。

图 1-6　职业培训应用场景

图 1-7　VR 红色中国故事工作站应用场景

以 VR 游戏《RIGS：机械化战斗联盟》为例，其应用场景如图 1-8 所示。用户在充满未来主义的竞技场上与其他巨型机器人展开搏斗，其外形与电影《铁甲威龙》中的反派机器人颇为类似。在这个虚拟世界中，传统第一人称射击游戏的爱好者会感觉到极强的沉浸感，因为他们可以使用标准的控制器，发射激光炮弹，跳跃，并在竞技场中移动。

图 1-8　VR 游戏应用场景

VR 技术与影视结合，赋予了观众身临其境的沉浸体验。一方面，表现为对分辨率、刷新率、色深、视场角、三维、低时延等更高画质的持续追求；另一方面，凸显出人机交互这一核心特质。VR 技术在影视制作中的应用，主要是通过构建出可以与影视场景交互的虚幻三维空间场景，结合对观众的头、眼、手等部位动作的捕捉，及时调整影像呈现内容，继而形成人景互动的独特体验。图 1-9 所示为 VR 影视应用场景。

图 1-9　VR 影视应用场景

《活到最后》是中国影史上首部 VR 电影，集结了推理、悬疑、密室等剧情元素。VR 电影的制作和展示方式与传统电影有较大区别，其影片在制作拍摄过程中克服了多项困难。目前，VR 电影已经开始探索向 VR 体验店或影院提供片源的方式进行票房分成，以实现作品变现途径的多元化和模式化。

VR 技术与直播结合，已经成为新常态。据艾媒咨询统计数据可知，预计 2025 直播的市场营收规模将达到 41 亿美元，VR 直播用户群接近上亿人的规模。VR 直播在体育赛事、热点新闻事件、演唱会、发布会等领域广泛应用。在传统的视频直播中，观众往往不能全方位地了解直播对象周围的环境状况，无法切身感受现场氛围，而 VR 直播将活动现场还原到虚拟空间中。其优势体现在借助 VR 头显，观众可以身临其境地观看节目，增加了观众观看节目的趣味性。此外，观众可以自由选择位置和角度，时刻关注自己感兴趣的场景，并且 VR 直播的氛围感要远远强于使用普通显示屏观看的氛围感。在这种现场气氛的烘托下，观众的情绪极易被充分调动，可以增加观众观看的愉悦感。VR 直播应用场景如图 1-10 所示。

图 1-10　VR 直播应用场景

VR 技术与旅游结合，是建立在现实旅游景观的基础上的，利用 VR 技术，通过模拟，构建一个虚拟的三维立体旅游环境，用户足不出户就能在三维立体的虚拟世界中遍览在万里之外的风光美景。例如，使用 Creator 开发的国内部分知名景点，如黄帝陵（见图 1-11）、西湖等，制作 H5 线上浏览作品，就是这方面的应用。

图 1-11　VR 旅游应用场景

1.3.3 医疗卫生领域

VR 技术与医疗健康聚焦在手术与医疗培训、心理干预等领域。虚拟医疗应用 VR 技术构建虚拟的人体模型器官及手术等，以提高虚拟世界的真实感，借助于虚拟外设可以使用户更逼真地学习医疗和手术知识。

VR 技术与手术培训的结合，是通过事先对患者进行建模，术前让医生在虚拟世界中充分研究手术方案，了解手术过程，提高操作熟练度，进而有效地提高复杂手术的成功率。在虚拟手术室，医生可以放心地进行更多更为复杂的手术操作。VR 手术培训应用场景如图 1-12 所示。

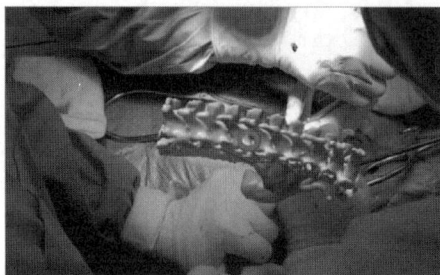

图 1-12　VR 手术培训应用场景

一款名为 Airway EX 的手机应用程序由视频游戏开发商和医生协助开发完成，可以模拟完成外科手术。该游戏专门为麻醉医师、耳鼻喉科医师、重症监护专家、急诊室医生和肺科医师设计。游戏应用可以为医生提供在真实病患案例身上进行 18 种不同的虚拟气道手术的机会。

VR 技术与心理干预的结合，充分发挥了 VR 技术创造环境沉浸感的特性，通过营造特定的虚拟场景，可以缓解患者的心理情绪，有效地解决传统方法中由于缺乏真实感治疗情境的痛点，减少治疗过程中患者对心理医生的依赖程度。具体应用场景如营造冰雪世界、营造高空场景、减轻烧伤患者痛感、逐步消除患者的恐高症、建立虚拟化身、解决患者肢体疼痛和神经损伤等。

图 1-13 所示为 VR 心理干预应用场景。心理干预系统对于中风后左手不能运动但仍能使用右手的患者，提供了一个虚拟左手，患者通过右手控制左手运动，经证实这样有助于大脑恢复对瘫痪肢体的感知。

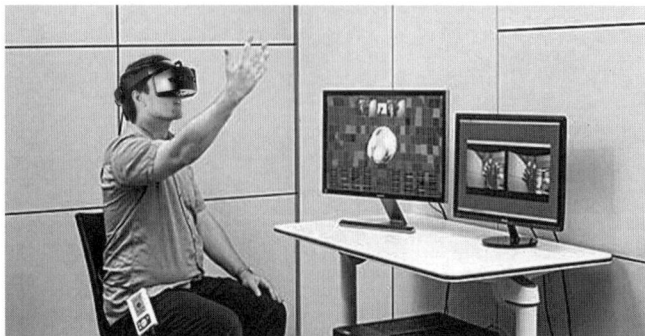

图 1-13　VR 心理干预应用场景

VR 技术与医疗培训的结合，近年来正在医疗领域被逐步推广。通过 VR 技术进行医疗培训能够给被培训者提供全方位沉浸感的专业服务，让被培训者在虚拟世界中深度学习，快速提高技能。虚拟培训环境中建构的一个高还原度的模拟环境，可以让学生身临其境地感受整个救护过程，从中学习实践经验与应对技巧，而不只是通过课堂上教师的讲解来获取理论知识。这种真实的临场感所带来的紧张和压力可以让学生更熟悉救护场景，了解突发事件的处理方式和压力化解的方法，可以最大限度地提高医疗培训效果。

1.3.4 产业人才需求

VR 技术应用产业融合了多媒体、传感器、新型显示、互联网和人工智能等多领域技术，并拓展到多应用领域，如制造、教育、文化、健康、商贸等领域，由此产生大量的人才需求。

从技术逻辑方面看，VR 工程技术人员的工作不仅与 VR 引擎及相关工具有关，而且与 VR 产品的策划、设计、编码、测试、维护和服务等有关。VR 工程技术人员的工作任务主要包括以下 5 项。

（1）VR 产品策划、场景设计、界面设计、模型制作、程序开发、系统测试。

（2）设计、开发、集成、测试 VR 硬件系统。

（3）研究与应用 VR 体系架构、技术和标准。

（4）管理、监控、维护并保障 VR 产品的稳定和安全运行。

（5）提供与 VR 技术相关的技术咨询、技术培训和技术支持服务。

从应用市场方面看，应用形态包括 VR 娱乐、VR 教育、VR 旅游、VR 房地产、VR 医疗。其中，VR 娱乐的主要特征是满足娱乐需求和促进消费，需要开发、设计、运营及销售推广人才。VR 教育用于帮助学生提升学习兴趣、想象力和沉浸感，提高学习效率，并能够用于实验教学，可以降低成本，避免实验风险。这一领域除了需要开发、设计、运营人员加入，还需要熟悉教育背景的人员加入。VR 旅游不仅可以提供便捷、有效的旅游活动，避免出现排队、天气恶劣等情况，而且可以作为旅游前后的辅助工具，提供虚拟体验，并在旅游中增加旅游层次的丰富性和虚拟古迹今昔互动。这一环节需要人才对旅游景点人文历史、自然特征、地理故事等具有丰富的认识或较强的学习能力。目前，VR 房地产已经被广泛使用，在人才技能和素质上要求对房地产的基本知识有所了解。VR 医疗是比较新型的应用领域，包括重大复杂手术的 VR 直播，以及用于心理疾病或身体康复的辅助治疗等。从事 VR 医疗行业的人才，除了需要具备常规的技术，还需要具有一定的医疗和医学健康知识背景。

练习题 1

姓　名		班　级	

1. 简述 VR、AR、MR 技术的概念和区别。

2. 使用 2～3 个案例简述 VR 技术的典型应用领域及运行过程。

项目 **2**

交互叙事与技术实现

任务 2.1　了解交互叙事的形态及叙事特征

学习目标	知道	交互叙事的 3 种形态
		交互叙事的 4 种特征
	会分析	作品交互叙事的形态
		作品交互叙事的特征
建议学时	1 学时	

　　叙事，也可以被称为说故事，通常被认为是将时间和因果关系上有联系的一些事件组合在一起并产生一定意义的过程，形式包括小说、电影、戏剧、动画、游戏等，媒介包括口头或书面语言、图像、动作、音乐等。本书涉及的三维交互叙事指在叙事过程中，故事线并不固定，而是根据用户对叙事系统的输入或行为而发生变化，在传达作者故事主旨的同时，让用户参与到故事之中。

　　随着计算机技术的发展，现代叙事的方式呈现出与读者更多互动的面貌，包括读者参与故事内容创作、影响情节的发展、决定故事的结局等。交互叙事同样包括故事的起点和终点，在这之间由一个个节点组成，当前具备可交互性的叙事已经发展出多种形态。

2.1.1　交互叙事的 3 种形态

1. 视听叙事

　　视听叙事是在视听创作活动中通过技术手段，特别是现代计算机技术，实现故事意义的过程。它包括运用"可听"和"可看"两类元素进行故事的讲述，具体的元素包括影像、音频、动画、图像等。一些视听作品在传统叙事的基础上增加了交互性的探索，如目前已经普及的电视节目中的用户点播与回看功能。此外，用户可以选择多个故事情节来组织视听元素，从而形成新的视听故事。在人工智能应用普及的今天，人工智能将用户搜索的关键词、浏览历史等推送给用户，形成新的叙事。虽然对这一技术的应用带来了视听叙事的新面貌，但也产生了许多负面影响，包括限制了用户的信息接收面和相应的认知等。

2. 体验叙事

体验叙事通常通过图像、视频、全景图片、三维模型等营造 VR 空间，并根据需要与物理世界和实物元素融合。用户可以通过人机界面、实物、传感器等与虚拟世界中的元素进行交互，获得故事体验，这种体验通常发生在用户与虚拟世界之间或用户与混合世界之间，此时用户体验到的故事和进行的交互选择，已经在虚拟世界或混合世界设计之初被决定了。常见的应用包括仿真环境体验，如仿真灭火、仿真驾驶等。

此外，常见的体验叙事应用还有虚拟漫游。漫游的类型包括展馆、学校、工厂、景区等。虚拟漫游的视角包括第一人称和第三人称的参观者视角，以及鸟瞰或飞行视角。图 2-1 所示为南京市博物馆的玉堂佳器展的虚拟漫游画面，用户进入后即可默认按照第一人称视角进行浏览，也可切换至鸟瞰视角，因为模拟的是室内漫游效果，所以为了便于观看，系统将房顶隐藏。在漫游中，用户可以通过展厅小空间的切换进行浏览和漫游，展品中提供的详细介绍或语音解说也会在界面中进行相应提示。用户可以在漫游的过程中通过单击查看其清晰大图和详细介绍。

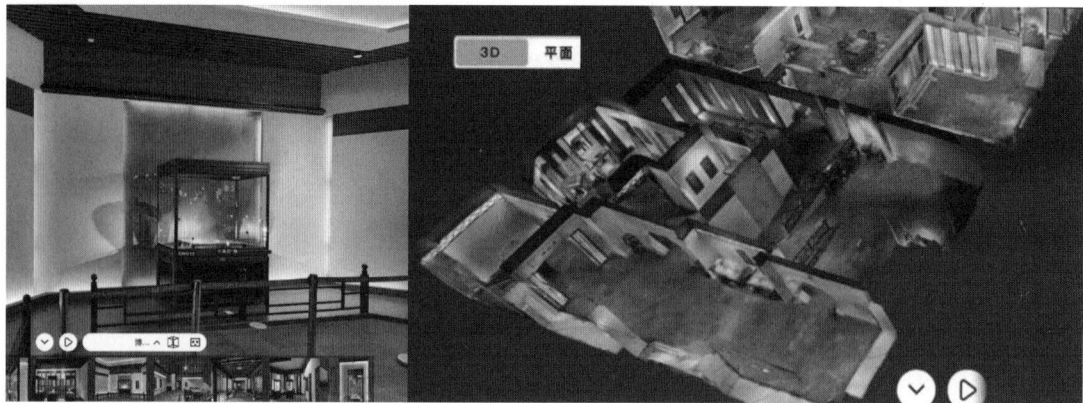

图 2-1　南京市博物馆的玉堂佳器展的虚拟漫游画面

3. 参与叙事

"参与式文化"（Participator Culture）一词最早出现在美国当代著名传播学家 Henry Jenkins 提出的"参与式文化"概念中。Henry Jenkins 主张利用网络或其他媒介参与到文化的创造、分享和传播中，而不只是作为文化消费者。他指出，"参与式文化"一词实际上是一种同义反复，文化中的重要部分便是参与，文化首先由少部分人创造出来，其次经由大部分人不断地分享、传播、接纳、再分享、再传播、再接纳，这样循环往复形成规模，最终固定下来。

参与叙事指用户可以到计算机创设的虚拟情节中参与叙事进程，进而影响故事的发生。参与叙事需要用户以计算机为媒介进行人与情境、人与人的对话。它给予用户更多的权利，强调用户的创造性。在众多交互叙事中，电子游戏是一种参与性很强的叙事类型。它以交互行为为主要叙事语言。

2.1.2　交互叙事的 4 种叙事特征

1．非线性叙事特征

交互叙事是以非线性为特征的，它突破时间与空间的限制，去中心、立体化、无边界的网络文本，由众多的节点连接而成。这种非线性思维方式使得理解故事成为一种超越平面空间、时间轨道的条约式行动，用户穿梭在故事的任意分段中，从任意一个节点进入，与任意一个节点相遇，反复、分段观看，或参与故事的建构，在虚拟世界中插入自己的节点。故事的随机性与偶然性，增加了非线性叙事的趣味性。

2．交互性叙事特征

交互性是交互叙事的重要特征，通常包含 3 种含义。对虚拟空间而言，交互性指计算机可以通过输入/输出设备与用户互动；对现实空间而言，交互性指由传感器、激发器和计算机构成的系统可以检测到人的位置，通过触摸控制音响的发生；对信息传播而言，交互性指计算机网络的终端同时具备信息接收、发送等功能，可以实现双向传播。通过交互叙事可以让用户积极参与故事的创作、传播，通过交互生产，影响或改变故事的面貌。正是因为可以交互，所以这类叙事才建立了作品与用户的对话。

3．沉浸性叙事特征

沉浸是人类精神状态中的一种特殊现象，《现代汉语词典》中对"沉浸"的解释是"浸入水中，多比喻人处于某种气氛或思想活动中"。而计算机创造的虚拟世界中的"沉浸"反映了人们在这个虚拟世界中可以体验到一种愉悦的感受。

交互叙事具备沉浸性的特点，能够与用户在虚拟世界中互动，使自己的行为、活动、操作影响虚拟世界。用户可以全方位、全感官、全身心地沉浸到虚拟世界中。常见的沉浸包括空间沉浸、感官沉浸、情感沉浸。

空间沉浸主要是将真实的物理世界与虚拟世界融合，为用户提供沉浸体验。感官沉浸一般是将用户的听觉、嗅觉、触觉等多感官沉浸在某一环境中，如纽约设计博物馆的多媒体展品，即提供了嗅觉、视觉的沉浸体验，当用户按下按钮时，用户可以闻到不同的气味，视觉上可以看见不同的色彩变化，从而产生感官沉浸。情感沉浸一般是由于内容或空间、感官体验而带来悲伤、安慰、担忧、快乐、兴奋等情感的反应。这种沉浸体验通过传统的书籍、电影、绘画作品等也可以实现。

4．混合的时空叙事特征

由于交互叙事将时间的长短和空间的距离混合在虚拟世界中，因此在交互叙事中会出现时空混合的特征。这种混合打破了物理世界中时间和空间的界限，在虚拟、数字、可交互世界中将空间的多种维度、时间的多种线程交织在一起，形成复杂的故事。

2021 年 7 月，故宫博物院推出《石渠宝笈》绘画数字展览。《石渠宝笈》作为中国重要的文化 IP，收录了清廷内府所藏历代书画藏品，分为书画卷、轴、册九类，包括《清明上河图》《仕女图》《五牛图》等历代名画。该展览以"行走的故宫文化"为主题，将传统绘画作品与数字技术融合，为观众创造了集中国传世名画意境和现代 MR 技术、全息多媒体技术、AI 智能人脸识别技术等为一体的技术，创造了"观山""游云""赏花""浴马""入宴""时趣"六大主题数字混合时空，让观众与古人展开了一场超越时空的文化对话。

练习题 2

姓　名		班　级	

1. 简述交互叙事的 3 种形态和 4 种叙事特征。

2. 扫一扫右侧二维码看危化品管理微课视频，分析它的叙事方式和特征。

任务 2.2　理解经典案例的叙事方法

学习目标	知道	交互影游多分支剧情的叙事方法
		交互课件的叙事方法
	会分析	作品的交互叙事方法
建议学时	1 学时	

2.2.1　交互影游多分支剧情的设计

近年来，交互式媒体技术发展迅速，交互影游的代表性的作品有《隐形守护者》。它通过大量丰富的选项，推动剧情向不同的分支发展，进而推动不同的结局。

交互影游的魅力在于在游戏过程中用户对角色认同感的提升，以及对剧情沉浸感的增强。从传播学的角度来看，传统电影和影视剧是单向的传播行为，作为信息接收方的观众只能被动地接收，相比之下，交互影游作品更为开放、参与性更强，用户在信息接收过程中需要思考关卡的内在信息，包括剧情、角色的性格等，这种思考会让用户不自觉地将自己在社会中的角色体验带入其中。当这一情境与角色体验相吻合时，就会对用户产生较大的心理触动。《隐形守护者》通过不同选项的分支剧情产生 4 种结局。基于这种多分支导向多种不同结局的剧情，用户在游玩时面对一些选项不得不慎之又慎。在游戏中，每当出现可能改变剧情的选项时，会相应地给予"该选项影响深远，请慎重选择"的提示。这些分支剧情也并非随意为之，而是经过精巧设计的。比如，在主线结局"红色芳华"与支线结局"美丽世界"的分支点上，设计了留在火车上与同伴共生死或放弃同伴而下车两种剧情，此时只有选择留在火车上与同伴共生死的剧情才能进入主线结局，而一旦选择放弃同伴而下车的剧情则进入"美丽世界"支线，在这条支线中，主角背弃了自己最初的革命理想。在这个过程中，用户会体验到主角的逐步黑化，用户在感叹"一失足成千古恨"的同时，也会为他的结局感到惋惜和痛心，此时剧情的内在逻辑表露无遗——选择放弃同伴而下车的行为是心里想着自己多而顾及他人少的体现，这一自私的选择也为用户之后的不归路埋下伏笔。

2.2.2　交互课件的剖析

通过交互课件赋能基础教育是近些年来较为热门的应用类型。它不但可以使数学、物理科目中不可见的概念和知识直观可见，而且可以把受限于教室环境的地理课的内容，如山川河流面貌等通过交互课件灵活多样地展现在学生面前。对于生物、化学课中一些危险的实验操作，交互课件不但可以安全展现，而且能够多次反复操作实验过程，演示实验效果。

下面以中小学生物课交互课件产品的几个特点为例进行说明。

1. 多终端适用

交互课件搭载于 Creator 平台，适用于多终端，包括 VR 端、电脑端、手机端，以及电视端等不同终端。不同终端对应不同的显示模式与分辨率，并清晰地指向不同需求的场景。比如，VR 端可以在 VR 设备中展示，将教学带入 VR 领域，与传统的 PPT、动画及 H5 等形式的交互课件拉开了距离，为未来的应用模式提供了充分的发展空间。手机端在 5G 赋能后，

发展迅速。在相对传统的应用场景中，使用电脑端与电视端，旨在确保更多的场景被现有的终端涵盖。图 2-2 所示的生物课交互课件即可满足电脑端、VR 端和手机端的多终端使用。

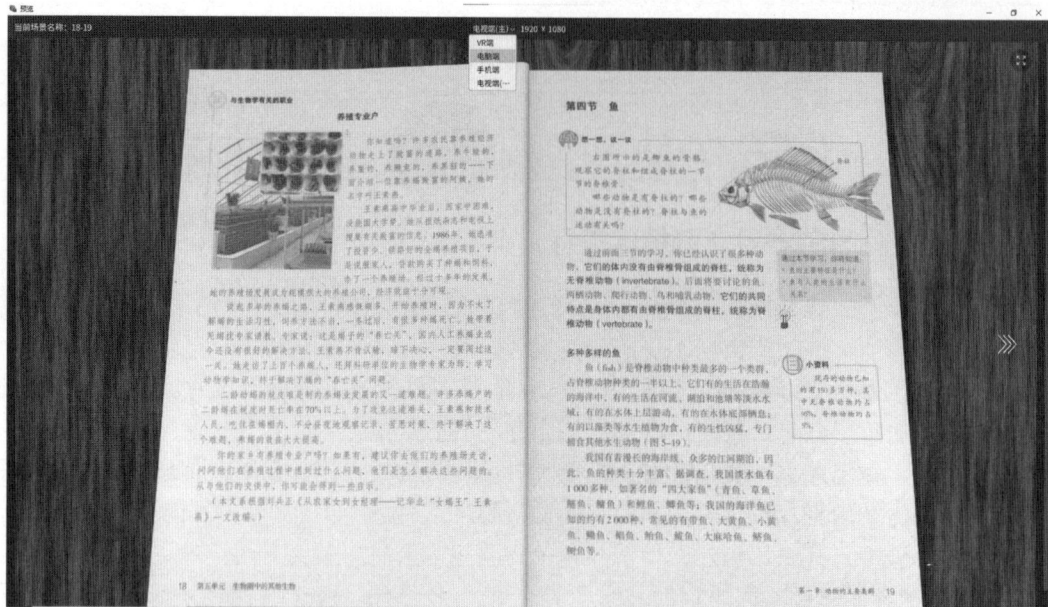

图 2-2　生物课交互课件界面

2．沉浸感的提升

图 2-3 所示的课件界面展示的是初中《地理》课本中关于我国地形与地貌的内容，左侧天山山脉图片上的"地球"图标，循环滚动，单击后即可进入全景图片模式。这种身临其境之感较原纸质课本中的天山山脉图片给人的沉浸感更强，会给观者留下更深刻的印象。同时，课件中加入了短视频，介绍山区畜牧农业和旅游业，使课堂教学更为生动。图 2-4 所示为地理课交互课件编辑界面。

图 2-3　地理课交互课件界面

3．场景的虚拟再现

图 2-5 所示为美术课交互课件虚拟场景，描述的是小学五年级《美术》课本中关于我国古代陶瓷艺术的内容，选取了从远古到明清各时期的典型代表性作品。为了让学生突破只能

通过二维纸质图片欣赏艺术作品的局限，该交互式课件在虚拟空间中，通过三维建模搭建美术馆场景，并将陶瓷作品置于观展的虚拟世界中，把语音解说、视频、动画等资源融入虚拟美术馆，以增加教材信息容量的厚度，提高学生学习的兴趣和效率。

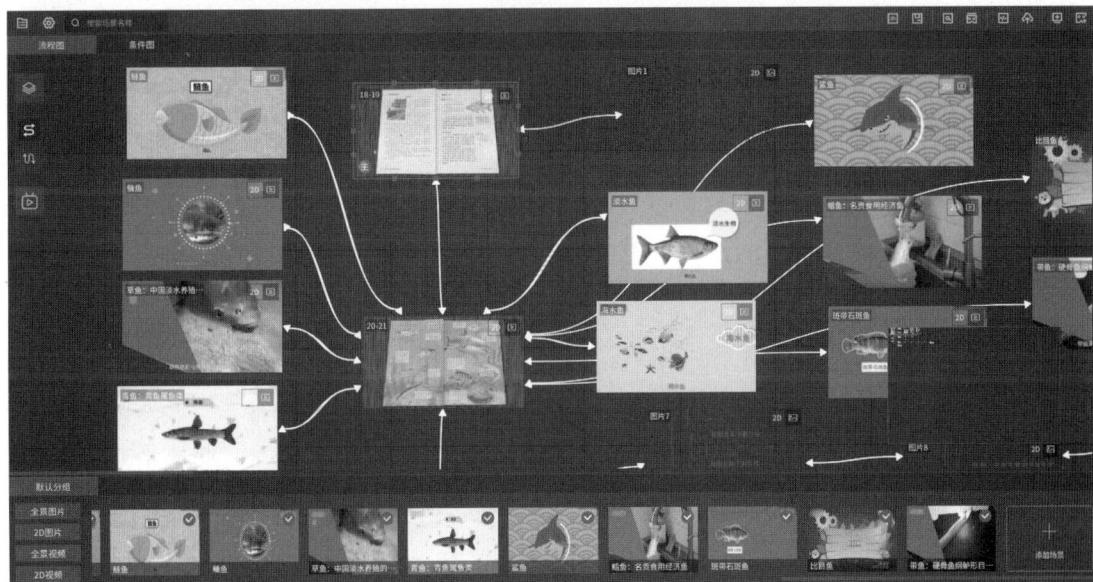

图 2-4　地理课交互课件编辑界面

图 2-5　美术课交互课件虚拟场景

练习题 3

姓　　名		班　　级	

扫一扫右侧二维码看《香醋》微课视频，分析它交互叙事的方法。

任务 2.3　理解交互叙事的常用工具

学习目标	知道	思维导图概述
	会画	交互作品的思维导图
	会用	常见的思维导图工具
建议学时	4 学时	

2.3.1　思维导图概述

1. 思维导图的定义与构成

思维导图（Mind Map）是一种表达发散性思维的有效图形思维工具。它模拟人脑神经网络放射结构，以视觉形象化图示展现认知结构、外化大脑思维图谱，亦称"心智图""心灵图""脑图"。图 2-6 所示为培训计划思维导图。

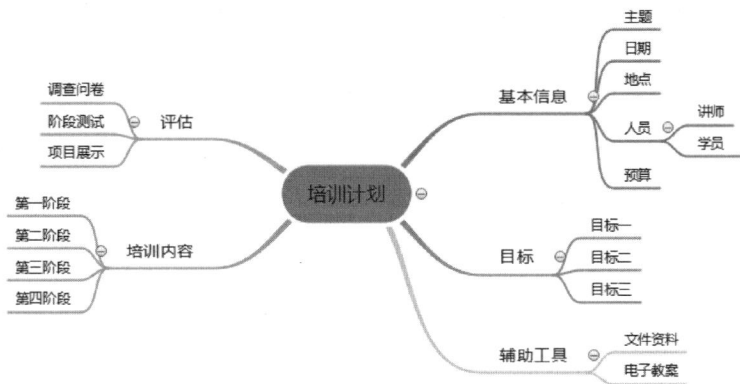

图 2-6　培训计划思维导图

思维导图由主题、节点、连线、图像和色彩共同构成。常见的思维导图先从中心主题分支出一级节点，再将一级节点分支出子节点，随着节点的不断增加，逐步形成一个向周围发散而有序的树状图。在这样的树状图中，同一层节点数表示思维的广度，分支的长度表示思维的深度。这个过程实现了对中心主题多维度的表达和反映，以及思考过程的组织与完善。

2. 思维导图的结构与分类

思维导图的结构包含中心主题和层级结构。不同主题的思维导图，节点数量也会不同，而各级子主题的排列方式及线条样式也会存在不同。但是所有思维导图都只有一个中心主题。根据子主题与中心主题的关系，可以将思维导图分为从属结构和并列结构。从属结构指一级主题和二级主题是中心主题的下属分支，是对中心主题内容的细化和深入。并列结构指各主题之间是并列、同级的关系，它们都是中心主题（节点）的相关内容，是对中心主题（节点）的补充和完善。从属结构如图 2-7 所示。并列结构如图 2-8 所示。

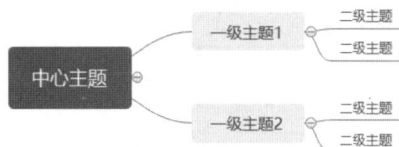

图 2-7　从属结构

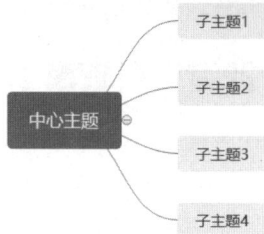

图 2-8　并列结构

当然，根据主题自身涉及的范畴不同，以及技术人员围绕问题展开的思维过程不同，思维导图也会具有各种不同的形状结构，但无论是何种结构，思维导图都是一种十分有效的图形思维工具。

3．思维导图的制作与优势

思维导图可以手工绘制，也可以使用软件绘制。常用的绘制工具有百度脑图、XMind、MindMaster 等。手工绘制有利于体现个性化，使用软件绘制则会使画面更加规整，便于修改。无论是手工绘制还是使用软件绘制，在绘制思维导图时，其基本制作流程一般如下。

第一步：拟定中心主题，即这个思维导图主要用于解决什么问题，中心主题词是什么。

第二步：从主题延伸出子主题，二级和三级主题依次延伸，此步骤可以梳理出完整的逻辑框架。

第三步：在各分支线条上添加关键词或内容，可以随时补充或删减构图的分支，此步骤注重对内容的概括能力，越简练越好。

第四步：标注出分支主题之间的逻辑关系，此步骤可以进一步厘清项目脉络，加深理解与记忆。

在这样的过程中，技术人员可以顺利地厘清概念和事物之间的关系，既有利于激发自身思维发散，又便于集中思考并解决实际问题。因此，思维导图是一种解决问题的有效手段。

2.3.2　思维导图工具的应用

1．常用的思维导图工具

目前，思维导图工具有很多，在这里只介绍常用的几款。

百度脑图是百度旗下的产品，目前免费并支持自动实时保存，使用注册的百度账户即可登录。XMind 是一款部分付费的思维导图工具，付费用户既可以直接生成版式和布局，又可以使用幻灯片功能，直接展示思维导图，并且自动生成转场动画，便于用户呈现逻辑脉络。MindMaster 也是一款部分付费的思维导图工具。目前，MindMaster 支持网页、计算机桌面、手机、平板、微信小程序。付费用户可以实现云端存储，实时同步，随时分享编辑。知犀思维导图是一款免费的思维导图工具，支持 macOS、Windows 的电脑端和手机端，目前可以免费使用，并且可以实现导出图片高清无水印。

2．使用思维导图工具设计项目

这里将以黄帝陵文旅虚拟交互项目黄陵古柏部分为例，介绍如何使用 MindMaster 设计项目。

在黄帝陵文旅虚拟交互项目中，设定游戏项目为用户寻找八卦碎片并实现八卦拼合。在寻找八卦碎片的过程中，将历史知识、黄帝陵重要景点与八卦图串联起来，引导用户在完成八卦碎片收集的同时，浏览景区全貌、了解文物和文物故事。这里使用 MindMaster 设计并制作用户项目思维导图，进而设计和完善项目。

（1）打开 MindMaster，选择左侧的"新建"选项，即可进入"新建"面板，选择"单向导图"选项，如图 2-9 所示。

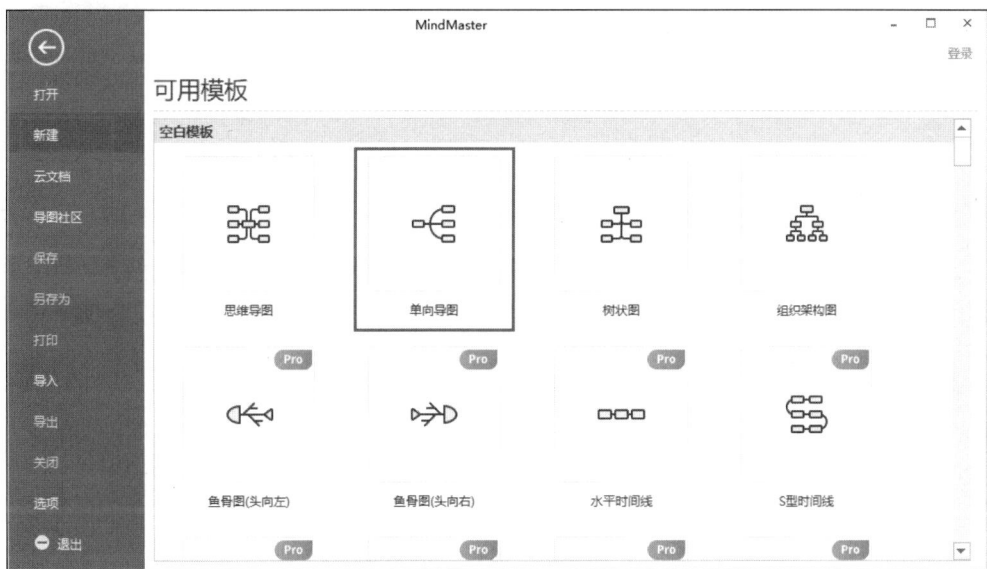

图 2-9　选择"单向导图"选项

（2）进入思维导图绘图界面，如图 2-10 所示。

图 2-10　思维导图绘图界面

（3）先双击"中心主题"按钮，修改其名称为"黄帝陵介绍"，再单击"黄帝陵介绍"按钮，添加主题，如图 2-11 所示。

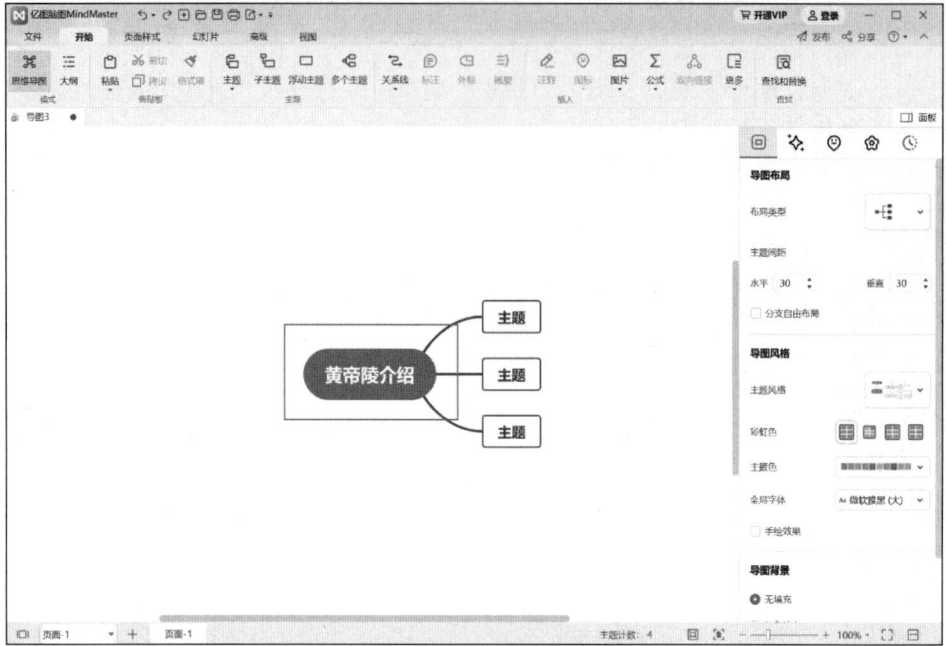

图 2-11　修改中心主题及添加主题

（4）添加其他主题。可以通过以下方式插入主题：按 Enter 键；单击"中心主题"右侧边框上的浮动加号按钮➕；选择"开始"→"主题"命令，选择相应层级插入，如图 2-12 所示。

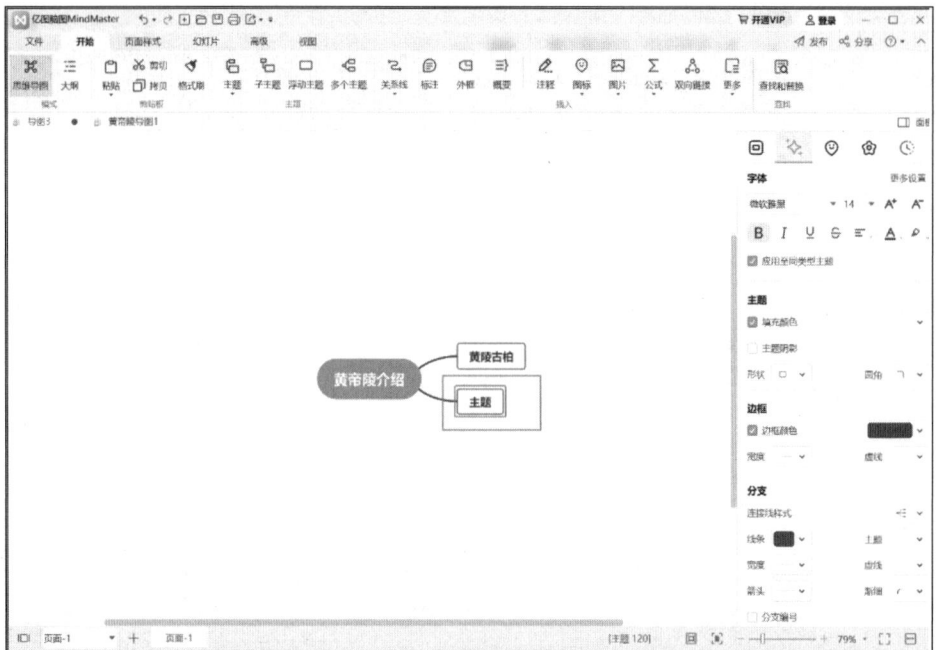

图 2-12　添加其他主题

（5）添加 8 个主题，完成黄帝陵景区与八卦碎片的设定。设置文字的字体、大小及颜色，同时，可以通过勾选"应用至同类型主题"复选框，将同一主题层级中的文字设置为一次性修改，如图 2-13 所示。

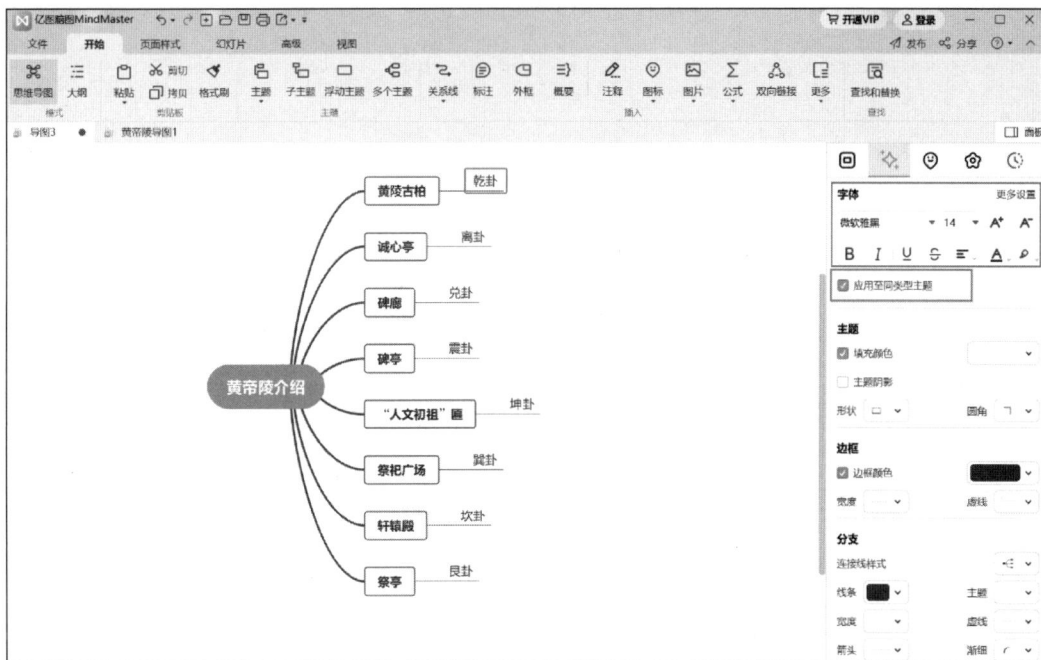

图 2-13　添加主题并修改同一主题层级中的文字设置

（6）添加浮动主题，便于分解项目。单击快速访问工具栏中的"浮动主题"按钮或者在界面上双击可以添加浮动主题，如图 2-14 所示。

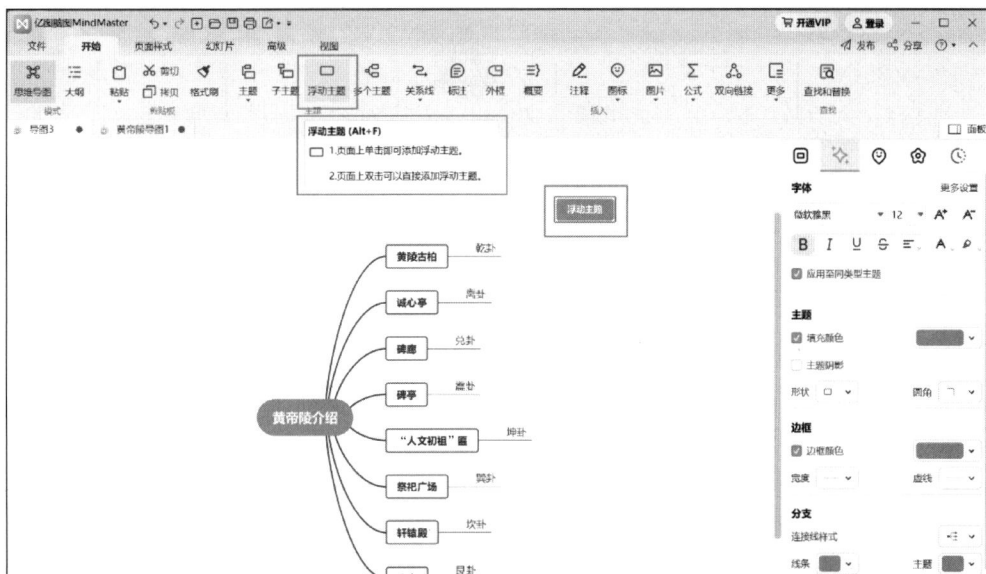

图 2-14　添加浮动主题

（7）将浮动主题分别设定为"历史知识"和"用户任务"，可以通过修改其颜色用于区分，如图 2-15 所示。

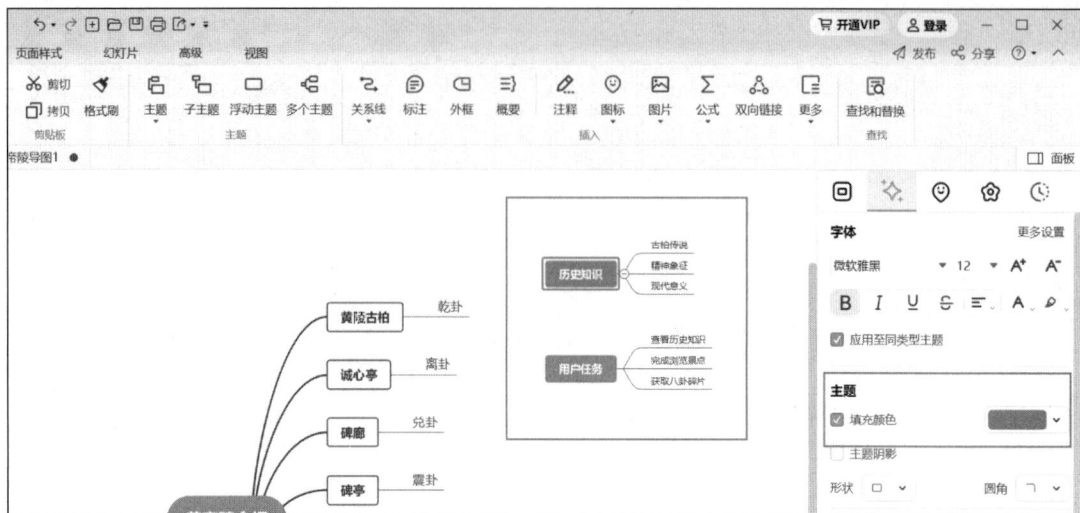

图 2-15　设定浮动主题

（8）插入黄陵古柏图片。为了便于记忆，可以为关键节点插入对应的图片，单击快速访问工具栏中的"图片"按钮即可，如图 2-16 所示。

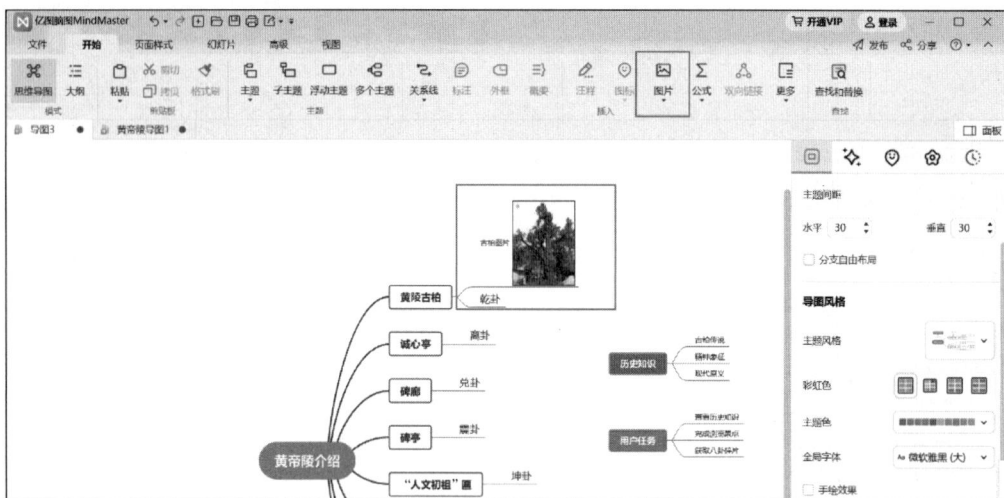

图 2-16　插入黄陵古柏图片

在插入图片之后，可以通过拖动图片的 4 个顶点来调整图片大小，也可以拖动图片以更改其位置。当插入图片尺寸过大时，会弹出提示对话框询问是否压缩图片，图片默认被插入到主题文本的左侧。

（9）保存思维导图。选择"文件"→"保存"或"另存为"命令，输入思维导图名称并选择一个位置，保存文件，如图 2-17 所示。

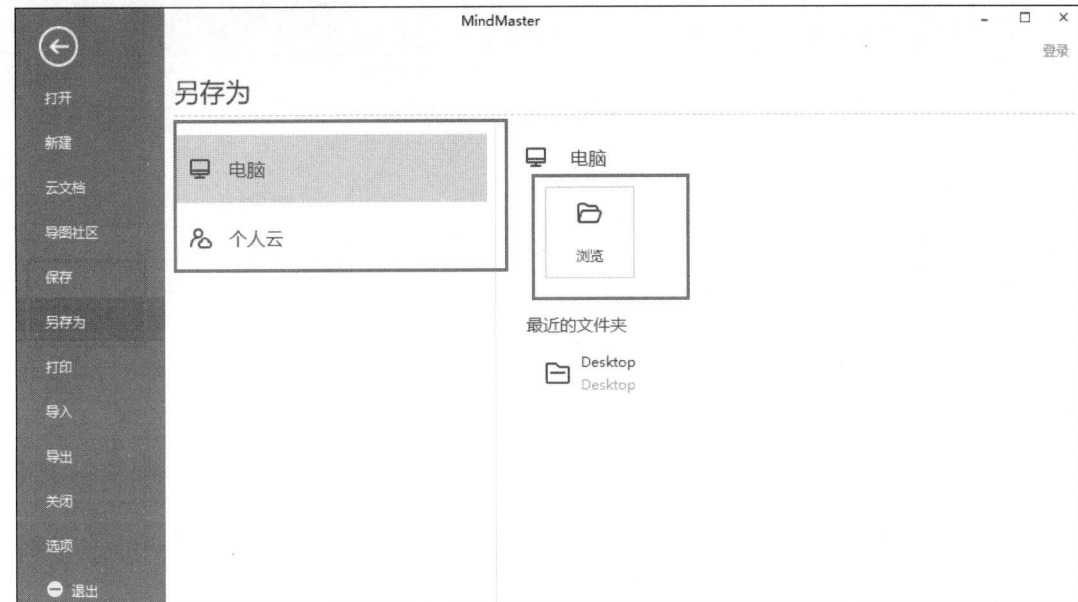

图 2-17   保存思维导图

（10）导出思维导图。思维导图可以以不同的格式导出，如 PDF、HTML、SVG 等格式，如图 2-18 所示。

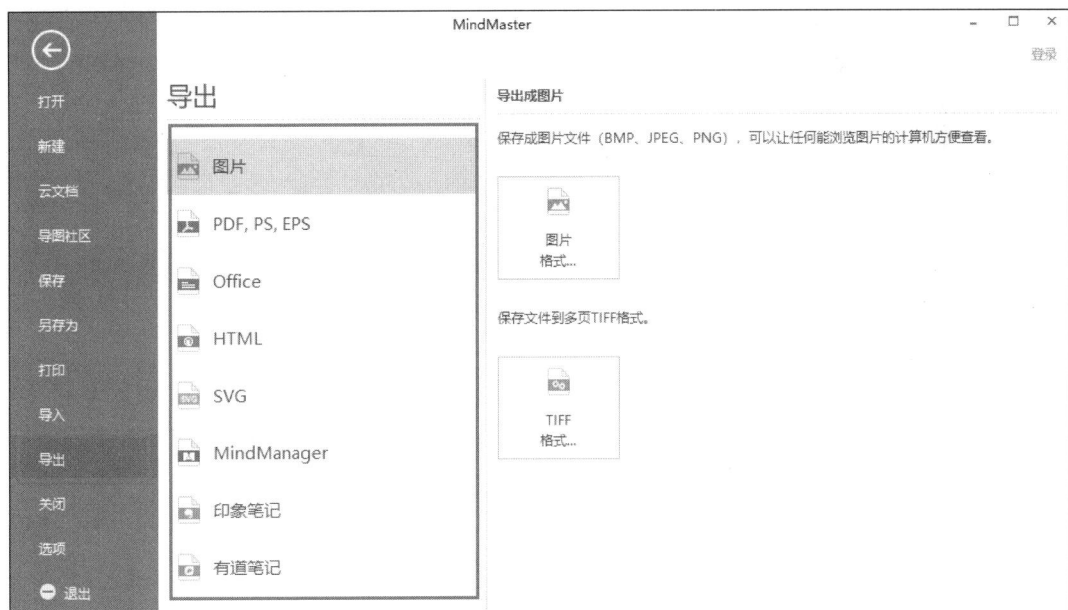

图 2-18   导出思维导图

以上是使用 MindMaster 设计项目的简单流程。如果画面内容过多，还可以使用大纲视图。在大纲视图中，主题内容在画面右侧会从上到下以大纲文本格式先行列出，这样可以方便用户轻松地阅读和浏览主题，如图 2-19 所示。

图 2-19　大纲视图

练习题 4

姓　名		班　级	
扫一扫右侧二维码看《香醋》微课视频，绘制它的故事框架。			

任务 2.4 理解交互叙事策划

学习目标	知道	交互叙事的类型 人物塑造的方法 剧情设计的方法
	会分析	如何确定作品的主题 如何塑造交互叙事作品的人物
建议学时	2 学时	

2.4.1 交互叙事的类型

在构思三维交互作品之初，首先需要考虑作品的主题。根据作品背景和内容来确定作品自身的类别和风格，可以更加清晰地明确作品自身的定位和特色。

知识型交互叙事作品是目前比较常见的一种三维交互作品。它将要传授的知识隐藏到故事中，引导用户去体验和发现，使用户最终在互动过程中，获得知识。很多博物馆的展品导览中常采用这样的方式，一些知识类小游戏也采用类似的方式。例如，在体验学习游戏《水循环》的互动过程中，借助三维场景的再现，可以帮助体验者进行脑内知识的搭建并重构原有知识，强化理解，同时参与者对互动背景知识即故事的聆听和体验又可以加强游戏的趣味性和吸引度。体验学习游戏《水循环》界面如图 2-20 所示。

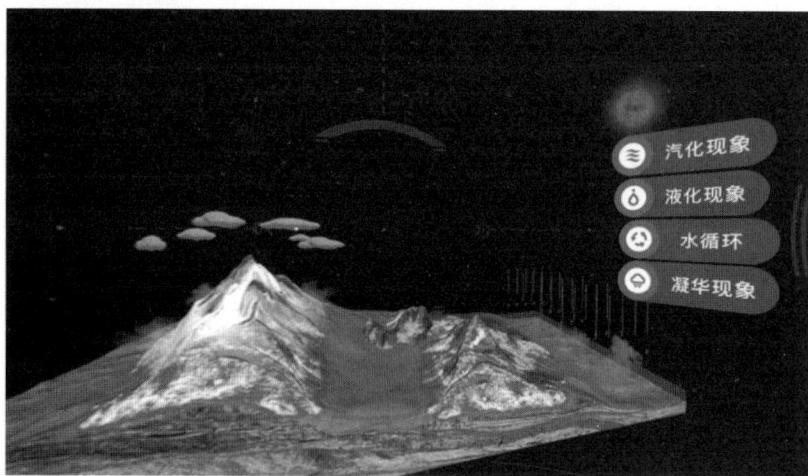

图 2-20 体验学习游戏《水循环》界面

漫游型交互叙事除了可以更加方便、快捷地让用户体验到特定目的地，还可以提供全方位的视角，这比身临其境更进一步。同时，技术人员可以通过添加精心设计的环节，让用户在体验的同时，获得其他相关知识，如现今很多景点和公园的线上体验馆都采用此类方式。

游戏型交互叙事的特色在于对原始自己的超越、与对手的竞争，其争夺的内容就是体验、信息，这可以来源于具体的造物也可以来源于胜利的喜悦。知识在游戏中往往体现为一种奖励的形式，即用户克服一定的障碍，便会相应获得一定的知识。游戏《海贼王》叙述的故事

是一个有特殊能力的少年集结伙伴，共同探索"大秘宝"的故事。然而，什么是"大秘宝"呢？这个设定不是具体的物体，而是每个人都有值得追求的东西，每个人心中都有自己最珍视的东西，重要的在于追寻它的过程，不断积累知识和体验。"大秘宝"的根本就是知识本身。

艺术型交互叙事不仅提供了新颖地欣赏艺术的方式，而且提供了特别的艺术创作的可能。与艺术有关的行为本身就是互动，即与材料、工具、作品及观看者之间种种互动。由于比起文字、语言，音乐、绘画更加生动和具有感染力，因此其成为交互叙事的良好方式。创作音乐、演奏音乐和创作绘画作品的过程可以分解为吸收信息、整合信息、处理信息，以及以个性化的方式输出信息的过程，带有强烈的主观色彩及娱乐性。欣赏者透过歌曲、绘画作品，获得的是一种体验，以及情感的交互。

除以上陈述的交互叙事的类型之外，还有其他一些新的类型伴随着技术革新和意识创新出现，但其核心都是技术人员在给予用户一定限制的基础上保留了极大的自由度，用户的参与使得这个故事产生了各种各样的可能，这也正是交互叙事的魅力所在。

2.4.2 人物塑造

在交互叙事环境中，通常采用第一人称视角，以极大地增加用户的代入感。采用第一人称视角通常会给用户带来更强的角色认同感，这也意味着可以更好地满足用户的心理需求。

人物角色的形象是复合的，要从多个方面塑造。首先，角色的行为模式是基本的，也是角色完成情节叙事的基础。通常在人物角色的设定中，人物角色往往以行走的方式向任意方向行进，适当的时候还可以通过跑、跳等方式行进。此外，在进一步深入的人物角色的设定中还可以加上情感的表达，表情是展示情绪非常直观也是非常有效的方式。通过表情符号来传达高兴、悲伤、生气等，可以丰满人物角色的形象。人物角色的动作通常是预先设定好的。用户可以"选择"动作，而不是"创建"动作。正是人物角色动作的模式化和简单化，使得交互叙事过程更好实现。复杂的动作反而会加重用户的负担，增加用户体验的难度。比如，跳舞的动作，有几种舞蹈类型供用户选择，而不是用户按照自己的意愿去跳。再比如，用户在和怪物打斗中，攻击和施展法术的动作也是固定的几种。

交互叙事的作品不仅可以设置单人模式，而且可以设置多人模式。在多人模式下，人物角色的个性化会使作品的情节更加精彩，同时多人在完成项目的过程中可以发展出更多的可能性。多人模式在维护了交互叙事的完整性的同时也为用户提供了更丰富的想象空间。

2.4.3 剧情设计

交互叙事作品的剧情设计的最终目的是实现艺术作品在体验上的交互和精神上的交流。那么如何在剧情上既引人入胜，又丰富多样呢？现有的一些剧情设计方式提供了参考。

迷宫型剧情是将剧情设计成类似迷宫的形态，用户并不知道当下的选择会带来什么样的结果，只能尝试解锁各种未知剧情。它的持续魅力在于将认识问题（找到路径）与情感象征模式（面对恐怖与未知）结合在一起。迷宫型剧情可以看作一个讲述故事的地图。它将被动的用户转变成必须为自己找到路径的主人公。迷宫型剧情不仅意味着多重路径、多重选择，而且意味着对多重因果关系的肯定。互动游戏《恐龙体验》的场景被设计为迷宫型，等待体验者自己去挖掘其中的剧情和奥秘。互动游戏《恐龙体验》界面如图2-21所示。

图 2-21　互动游戏《恐龙体验》界面

　　树状剧情和迷宫型剧情一样，有多重路径和多种选择，在树状剧情的互动游戏中，用户可以清晰地知道自己现在身在何处，将要去向哪里。例如，可以将故事呈现多分支、多结局的特征。这种叙事的经典脉络是：故事发展到甲节点，分为 A 和 B 两条分支；在 A 分支中，当故事发展到乙节点时，分为 C 和 D 两条分支；而在 B 分支中，当故事发展到丙节点时，分为 E 和 F 两条分支……这样不断分支下去，便构成了一张典型的树状图。抽象来看，在用户体验的过程中，通过交互不断地选择，最终在这张树状图中选中一条路径，这条路径便是这个当下看到的故事。这样的结构布局，虽然满足了用户的参与感，不同的用户产生了不同的故事，具有强烈的"非线性"特征，但是容易让剧情变得庞大繁杂。为了使剧情清晰，常见的方法是让次要分支尽快结束，或使次要分支回到主线上。

　　在三维平台上，创建"非线性"特征的交互叙事剧情结构，是作品策划的核心环节。一个一个片段，由于不同的交互顺序，会导致故事结果的不同，在情感获得上彼此会产生微妙差别。用户可以任意选择（或根据故事进程和逻辑选择）剧情之间的串联顺序，从而构成不同的体验。抽象来看，用户在体验的过程中，通过交互不断地选择，最终在一张树状图或是一张迷宫地图中选中一条路径，这条路径便是用户所看到的故事。这样的结构布局，满足了用户的参与感，不同的用户或同一个用户在不同时间会产生不同的故事，大大地丰富了剧情。

练习题 5

姓　名		班　级	
扫一扫右侧二维码看《进士文化园"VR 国学"课堂》微课视频，从主题、人物、剧情三方面分析交互叙事。			

实训项目 1 制订商业卖场虚拟交互设计策划案

学习目标	知道	策划的基本知识 商业卖场虚拟交互平台产品制作实施工作流程
建议学时	4 学时	

互联网技术的飞速发展，加速了不同行业的产业数字化升级，促使商业卖场线上和线下融合一体趋势越发明显。尤其是在单一的线上产品展示不能满足消费者对于产品细节、购物体验的需求时，打造一个跨越时间、空间，既有 VR 环境，又有产品细节展示，并且还能包含线上购物的虚拟网络互动平台无疑是首选解决方案。届时，消费者只需一个链接就能通过手机、平板电脑、计算机等电子设备进入商业卖场的虚拟交互平台之中，通过技术手段就可以实现全方位地畅游环境，同时还可以自主选择浏览路线，对自己感兴趣的产品加以了解并进行在线购买，实现足不出户便有身临其境的体验。

而对于企业而言，设计完善的虚拟交互平台可以有效地降低企业成本，提高产品曝光率及有效传播产品。为了达到最佳的用户体验，就需要对虚拟交互平台进行详细的规划。如果按照策划实施的步骤来划分，那么可以将其简单地划分为前期策划与制作实施两步。虚拟交互平台中展示的内容、实施过程中的浏览路线结构是前期策划的主要项目。而虚拟交互平台所需要收集的素材、实际拍摄路线，以及产品分区模块衔接，则是在制作虚拟交互平台时应该关注的要点。这里将从前期策划来讲解如何进行商业卖场的虚拟交互平台的产品策划与实施。

前期策划一般由两部分组成。一是针对线上虚拟卖场设定的情境销售，二是对线上虚拟卖场文字性资料及交互内容的策划整理。下面以某运动品牌卖场为例逐步介绍如何完成商业卖场虚拟交互设计策划案的制作。

1．设置情境叙事

如果追溯线上卖场的根源，不难发现，线下卖场展览设计对其有着深刻的影响。而展览设计中常见的叙事方式就是情境叙事，通俗来说就是"讲故事"。因此，在展览设计中，用故事的形式表达展示内容，成为线上和线下展览的主要构成部分，如商业卖场中常见的主题购物宣传等。而这种依托主题、引入故事而形成主题氛围的方法也是线上和线下卖场常用的方法之一。例如，针对主要受众为儿童的商业卖场应着力打造童趣，为客户营造欢乐的视觉感受。

其一，抓住特殊网络符号或固有文化内容，将商业销售行为与其捆绑并展开活动。如同线下各大商家在春节、中秋等传统节日展开的线下促销一样，基于线上展示的虚拟交互平台也可以使用这种销售方法。例如，开始于 2009 年 11 月 11 日的淘宝商城"双 11"的线上促销活动，就是抓住了带有网络戏谑语言的 11 月 11 日单身节，从而将 11 月 11 日演变成了固定的打折消费日。

其二，构造一个故事，形成张弛有度的故事框架，展品与热点设置围绕主要故事呈现，用故事的形式表达展示内容。当然，这种故事叙述形式不一定符合三一律，但时间轴线、统一的主题、前后的因果关系几个重要因素都存在，可以独立成为展示的主要部分。例如，充

满科技感的 VR 仿真体验，通常是通过多个感官对故事进行感知，而不是主观设计的直接叙述。

对于以运动品牌为主题的商业卖场来说，可以从品牌自身特点出发，如围绕运动、青春、舒适等关键词，展开情境设置，以吸引客户群体。

除了上述设置情境叙事的方式，还必须要从销售的角度去设计一条推动销售的故事线，热点的设置、便捷的付款方式也是前期设计中必不可少的环节。

2．卖场素材资料整合

1）主题卖场平面图

主题卖场平面图中需要包含卖场各区域的实际位置说明。参考主题卖场平面图，便于设计全景摄像位置及采集全景视频。以某运动品牌的卖场为例，根据实体卖场中的实际空间、人群流动设置动线及产品分区，这些分区可以在店铺平面图中得以展示，有利于后期全景图片及全景视频的拍摄。某运动卖场平面图如图 2-22 所示。

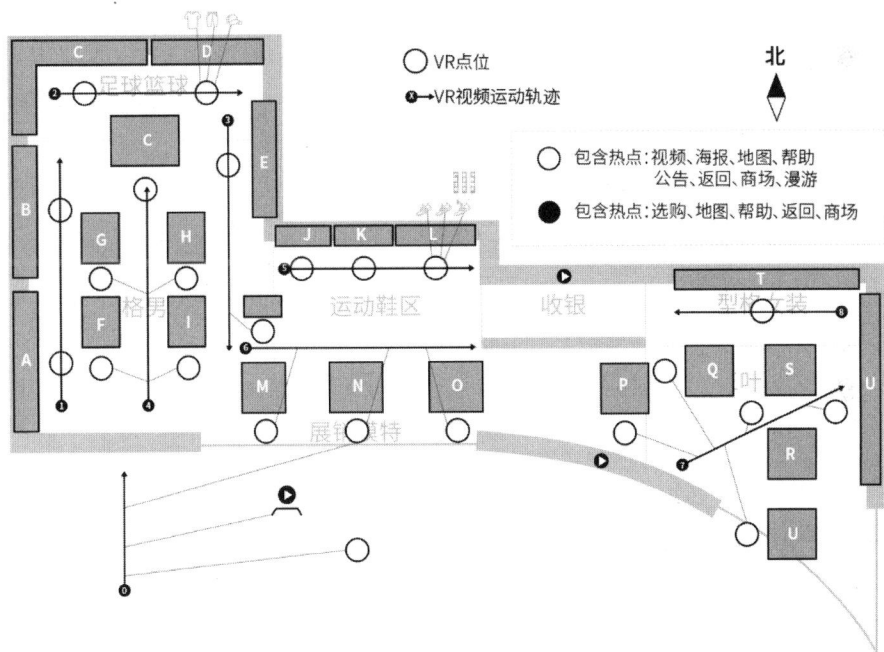

图 2-22　某运动卖场平面图

2）文字资料

文字资料包含欢迎介绍、分类介绍、活动介绍、店面介绍等。

（1）欢迎介绍。欢迎介绍是用户进入虚拟卖场后的欢迎及提示性语句。使用欢迎介绍便于用户快速了解当前界面中的内容。欢迎介绍一般简明扼要，最好在 30 个字左右。例如，"您好！这里是 XX 电信 5G+VR 网络店，让我们开始沉浸式畅购产品吧！"

（2）分类介绍。分类介绍是向用户展示卖场区域的介绍性文字。例如，在进入卖场某个区域时，弹出介绍字段或播放介绍音频："这里是 XX 运动男士产品专区，来挑选一件明星同款的热销产品吧，这会让你看起来更棒！"

（3）活动介绍。活动介绍是向用户快速展示当前虚拟卖场的销售活动的说明性文字。例

如，"本店推出针对 VR 网购客户的特殊优惠——七五折，赶快通过 VR 应用订购吧！"这类文字不仅可以在界面中展示，而且可以通过音频进行播放，便于用户及时了解卖场的活动。这类文字宜精准，不宜过长，以免信息传达不清。

（4）店面介绍。这里提及的店面介绍指线下店面的实际地址及相关信息。例如，"您好！欢迎光临 XX 电信 5G+VR 网络店，本店位于本市 XX 大厦 B 座 4F，店面宽敞时尚，产品种类齐备，活动精彩优惠，欢迎网络选购和到店体验！"此类广告词可以明确告知用户关键信息并起到推广的作用。

（5）产品资料。根据实际需求为每个产品门类准备 1～3 种产品，作为电商购买专用链接。这里的产品建议选择热销、主推、特色或明星产品，这样有利于产品推广及销售。产品需要准备的资料包括产品视频（多角度展示）、产品图片（多角度展示）、产品文字描述（30字以内）、产品库存余量等，以满足用户选购的需求。

（6）其他资料。除了以上资料，通常在实际策划中，还需要店铺提供宣传视频、商家 Logo、品牌设计手册、交通位置图等。其中，宣传视频最好能体现商家特点或达到明确的销售活动宣传效果，视频长度应控制在 30 秒之内，以便制作 H5 海报。商家 Logo 及品牌设计手册是为了在后期制作中保证整体风格与品牌保持一致。例如，Logo、标准色、标准字或主题海报的应用等。

3. 交互内容策划

除了前面介绍的设置情景叙事、卖场素材资料整合，在实际制作中还需要对 VR 网店的交互内容进行策划。

1）H5 海报

"工欲善其事，必先利其器。"在信息化时代，不能只依靠传统媒介传播信息，尤其是 VR 网店。针对 VR 网店，可以制作一个便于移动终端传播及宣传的 H5 海报，以有效地实现移动终端的信息传播、展示。

2）自由切换的漫游地图

当使用 5G+VR 视频漫游线上商城时，客户要能够选择自动漫游，这样便于使用较短的时间快速浏览整个店铺。此外，漫游地图的存在可以让客户清楚地知道自己位于店铺的什么位置，在需要的时候可以实现单击漫游地图，重新定位逛店的需求。同时，当客户暂停漫游而专注于某件产品或购买产品之后，也可以随时再次开始漫游。这种停下购物和视频逛店随时切换的流畅体验，是设置浏览结构必不可少的项目。

3）合理的区域分段

不管是什么主题的交互场景，都一定要有合理的区域分段及区域衔接。设想一下，在一个交互空间的一个由超清 VR 图片构建的场景中，会有强烈的沉浸感。如果区域分段不合理，无疑会给客户带来不好的购物体验。当然，还可以配置提前录制好的音视频资料，配合讲解及展示。

4）合理的交互热点

由于创建商业卖场的最终目的是促成销售，因此便于实施细节展示和实施购买的交互热

点是不可缺少的。每个购物区域应设置不低于 10 个交互热点，以便客户了解产品。同时，对于产品的介绍是必不可少的。可以通过文字进行介绍，也可以通过音频进行介绍，还可以通过音频及文字综合展示细节的产品视频进行介绍。当然，还可以将传统广告和宣传片植入热点中展开宣传。

5）直观、简便的购买方式

在任何销售中，直观、简便的购买方式都是十分重要的。无论设置多少个热点、展示多少内容，都是为了辅助达成购买效果。因此，单击产品，打开产品的购买链接从而实施购买是最终目标。

练习题 6

姓　　名		班　　级	

根据图 2-22 完成一个卖场的交互设计策划案。

1. 请写出卖场所在情境及特定时间故事。

2. 请写出欢迎介绍、分类介绍、活动介绍、店面介绍的文字。

3. 请写出各个区域交互切换的方式。

4. 请写出 3 个交互热点及单击后出现的信息。

任务 2.5　掌握常用的交互叙事结构

学习目标	知道	三幕体结构 树状结构 放射状结构 树状并行结构
	会分析	作品交互叙事的结构
	会画	交互叙事结构图
建议学时	4 学时	

根据情节点的划分，交互叙事可以分为多种结构。常用的交互叙事结构包括三幕体结构、树状结构、放射状结构和树状并行结构。下面对这些交互叙事结构进行逐一介绍。

2.5.1　三幕体结构

所有故事都是经过设计的。图 2-23 所示是常见的三幕体结构，包括开端、发展、结局三段。三幕体结构中的开端用于介绍人物和情境，如是谁，在何处，什么时间，要做什么等，主要展示"关注的主题"如何产生，从而定义冲突。在发展阶段，故事继续发展，冲突被越推越高，矛盾和张力发展到接近极限。在结局阶段，通常由主角解决最后的冲突，故事的目标可能全部达成，也可能没有达成或部分达成，主角是否能够回归平常也根据剧情而定。

遵循三幕体结构的互动故事中体现了用户的情绪变化。故事中的用户情绪跟随一个个冲突的发生而发展和结束，用户情绪可能经历开心、惊喜、悲伤、恐惧或愤怒等不同阶段。

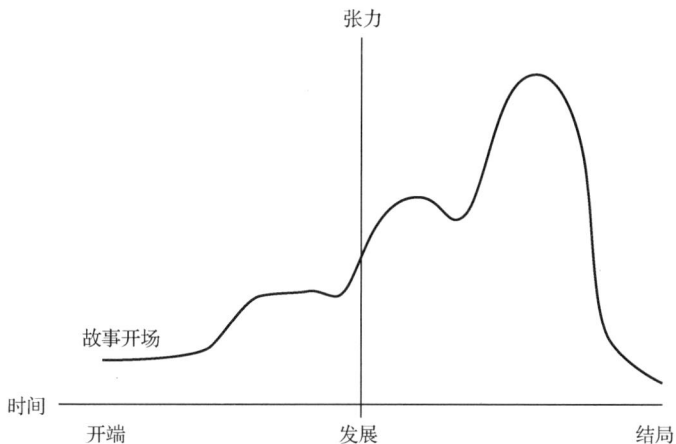

图 2-23　三幕体结构

被誉为"江南四大名园之一"和"金陵第一园"的南京瞻园，曾开启一场实景与 VR 技术结合的表演。整个表演将廊、亭、山、石、厅的游览与《红楼梦》《梁山伯与祝英台》《牡丹亭》等经典戏曲欣赏和声光电混合视觉场景结构结合起来，营造了跨越时空、古今交融的金陵故事和秦淮故事氛围。从叙事结构上仍然可以发现，该故事结构为包括开端、发展、结局的三幕体结构。瞻园入口是故事的开端，采用虚拟成像技术演绎《红楼梦·枉凝眉》片段，

带领游客走进江南园林。随后分别在高处的亭子和大观园门厅外，戏剧演员演绎《杜丽娘·游园》和《红楼梦·读西厢》片段，化虚拟为真实，故事也继续发展。在瞻园的中心花园，游客近水观看《梁山伯与祝英台·化蝶》，这一环节中声、光、电的配合，给予游客完美的视觉体验。在瞻园中的舫声琴影区，通过现代诗文朗诵，以及《红楼梦·大观园》《红楼梦·天上掉下个林妹妹》《红楼梦·葬花》等剧目的上演，整个游园被推向高潮。灯光、烟雾、湖景、楼舫、琴声、戏曲，金陵大观园似真似梦、如影如幻的故事吸引了每一位游客。

2.5.2　树状结构

树状结构应用很广，是常见的交互叙事结构，通常从一个点开始，可以做两个及以上不等的一级分支，之后对每一级分支进行分散，每一级分支不要求数量和层级均匀。

图 2-24 所示为西湖全景界面，可以看到，文字介绍、按钮等视觉元素以西湖全景图片的形式展示，其中的重点景点分别被放在"西子之美"和"水光潋滟"两个板块中，"西子之美"包括"杨公堤""雷峰塔""苏堤""断桥"4 个景点，选择任意一个景点，即进入其中。图 2-25 所示为西湖全景结构。

图 2-24　西湖全景界面

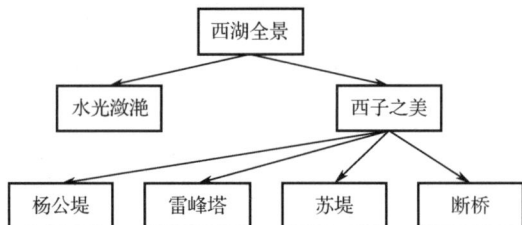

图 2-25　西湖全景结构

2.5.3　放射状结构

交互叙事的故事和传统的故事不同，它们之间不存在必要的因果关系。放射状结构的叙事结构可以由用户决定，由于用户可以像从数据库里查阅数据一样任意提取情节，不受时间顺序和因果关系的影响，因此放射状结构的交互叙事的故事被称为数据库故事（Database Story）。

联通的全景虚拟 5G 智慧家居体验模拟了用户体验"智慧沃家"的过程。整个内容包括"家中"和"家外"两个情境，"家中"包括"系统菜单""卧室""厨房""卫生间"4 个部分。"系统菜单"中包括"沃家电视""沃家固话""沃家神眼""沃家组网""窗帘""空气净化""扫地机器人""空调""点击启动智能离家模式""白天""夜晚"功能模块。每个功能模块都提供了相应的智慧家居体验的互动元素，如在"沃家电视"中可以体验"影院模式""电视急速响应""一键追剧""同屏播放"，所有交互控制都由模拟的平板电脑完成。其他如"空气净化"和"扫地机器人"等在单击后，将相应打开进行空气净化和播放扫地机器人工作的

动画，为用户呈现智慧家居的便利。"智慧沃家"全景室内界面如图 2-26 所示。

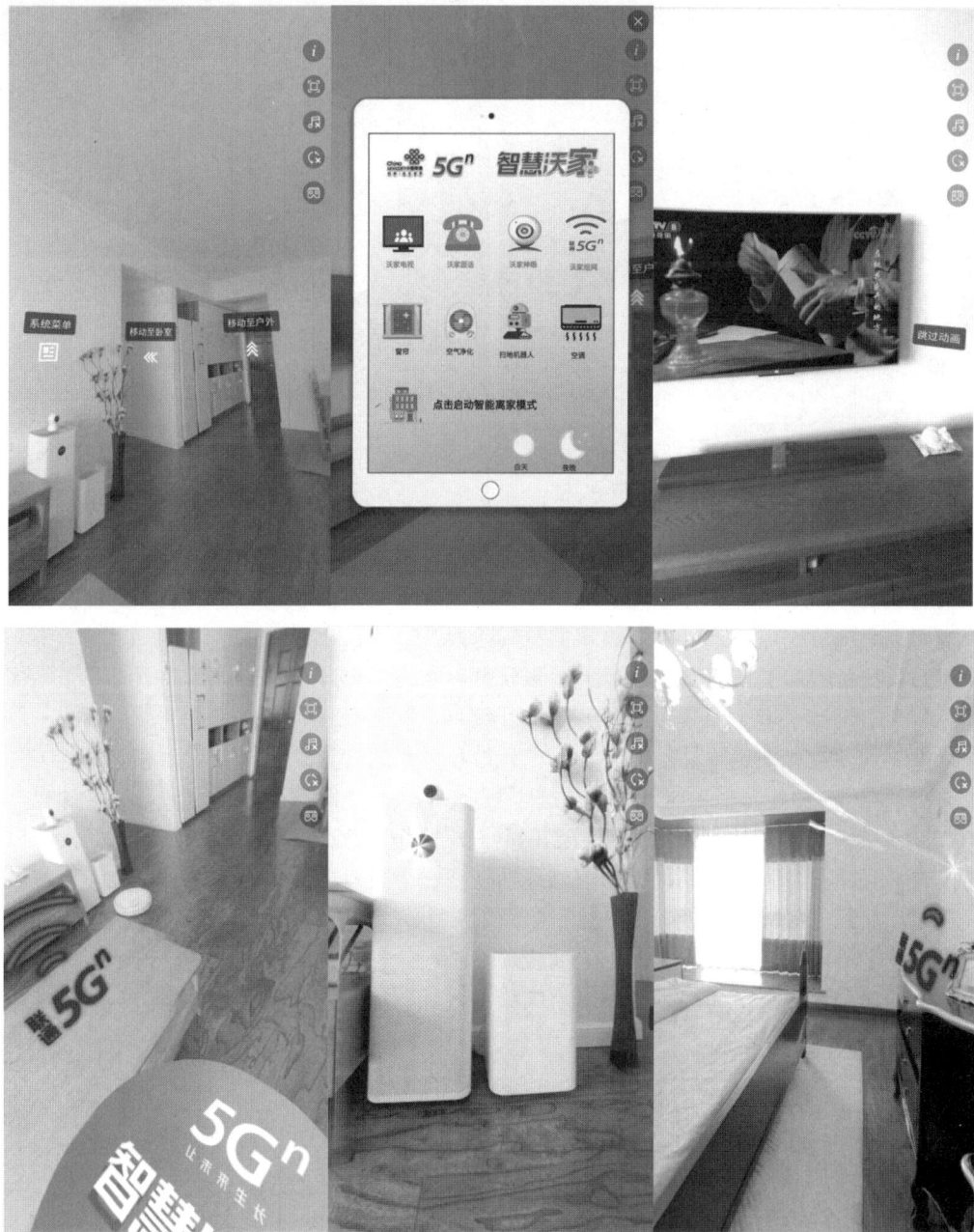

图 2-26　"智慧沃家"全景室内界面

"家外"可以通过选择"系统菜单"和"回家"两个选项触发。"系统菜单"可以通过选择"沃家神眼""消息""远程炒菜""热水器""点击启动回家模式"5 个选项触发。选择每个选项分别会打开屋内监控、显示未读消息、开启智能炒菜功能、控制热水器温度、进入室内。"智慧沃家"全景室外界面如图 2-27 所示。

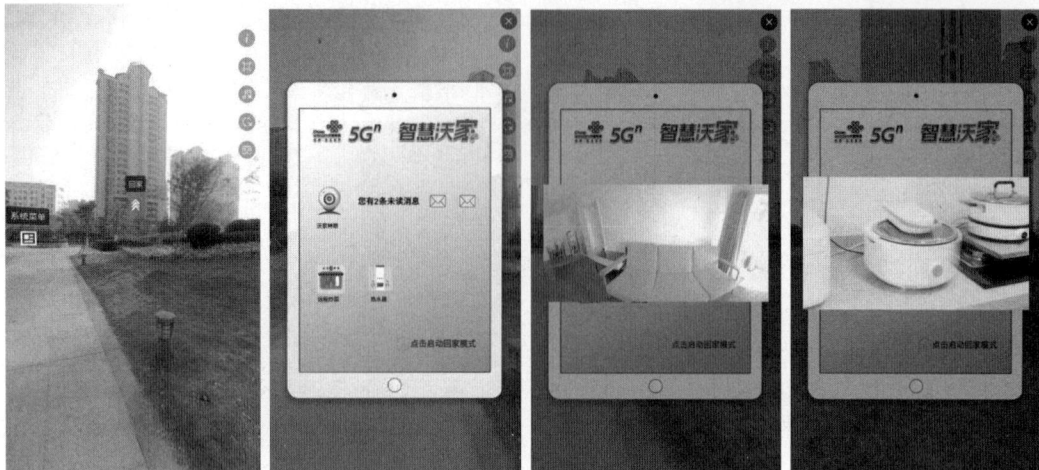

图 2-27 "智慧沃家"全景室外界面

2.5.4 树状并行结构

树状并行结构通常是带有游戏性或项目性的交互叙事结构，故事中通常包含一个需要用户完成的项目，用户可以选择不同的故事分支进入分支剧情，参与故事的展开，当在分支剧情中将一个个项目完成后，将到达故事的结局阶段。

例如，黄帝陵文旅虚拟交互项目采用树状并行结构，将寻找八卦碎片的项目和景区中重点景点结合，设计了多个场景的故事开展交互叙事。

场景 1 到场景 4 采用线性叙事结构，交代故事发生的背景、人物、项目和互动的方法，场景 5 到场景 11 中把八卦的 8 个卦相与景区的 8 个景点，即黄帝古柏、诚心亭、碑廊、碑亭、"人文初祖"匾、祭祀广场、轩辕殿和祭亭结合，以互动并行的方式为用户提供可以任意选择的交互模式，也就是说，用户可以选择任意一个景点在其中寻找八卦碎片，每找到一个八卦碎片，距完成项目就近一步。这一阶段的 8 个分支剧情是并行并可以反复运行的，当用户找到 8 个不同的八卦碎片时，即当完成项目时，故事跳转到结局阶段。这一阶段不提供可以互动的部分，只祝贺完成项目，对后续项目进行预告。黄帝陵文旅虚拟交互项目结构如图 2-28 所示。

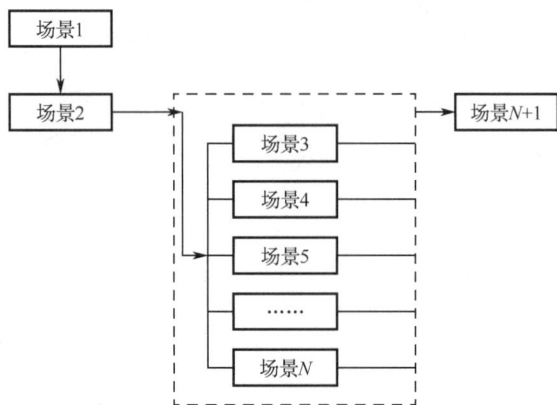

图 2-28 黄帝陵文旅虚拟交互项目结构

练习题 7

姓　名		班　级	

扫一扫右侧二维码看《进士文化园"VR 国学"课堂》微课视频，分析它交互叙事的结构。

实训项目2 开发5G智慧家居虚拟交互项目

学习目标	知道	5G智慧家居虚拟交互项目的技术流程
	会撰写	虚拟交互项目的脚本
	会画	虚拟交互项目的流程图
	会用	Creator，会实现交互功能
建议学时	8学时	

1. 项目描述

智慧家居是在家庭内集互联网、物联网、大数据和智能电器等新技术为一体的综合应用。为了让没有体验过智慧家居功能的用户能够真实体验到现代家居的智能性，用户不仅可以通过佩戴 VR 眼镜或其他设备置身于 VR 家庭场景（真实场景拍摄）中，而且可以通过配套的操作手柄实现操控各种生活场景（客厅、厨房、卧室等）中的智慧家居，以沉浸式、互动式地体验智慧家居功能，展示未来 5G 网络下的美好智慧家庭生活。智慧家居互动全景界面如图 2-29 所示。

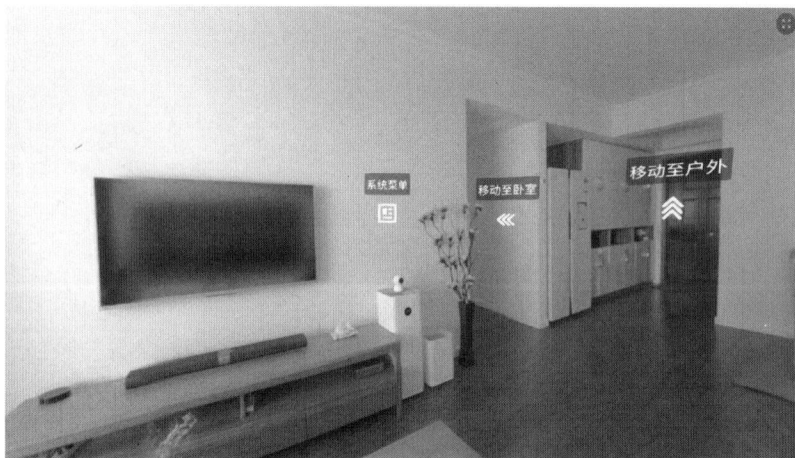

图 2-29 智慧家居互动全景界面

2. 脚本策划

脚本策划是项目开始前的重要环节，因为智慧家居项目旨在模拟真人实地地体验家庭场景，所以选择第一人称视角。真实场景无人物拍摄，带入感强，可以让用户产生身临其境的感受。通过观影设备，直接与影片内场景交互，场景内的智慧家居根据用户发出的指令做出同步响应，通过画外音了解智慧家居，以交互式的体验贯穿整部影片。所有场景切换和指令发出，均由用户通过观影设备发出指令进行，可以来回进行无缝切换或返回，还原在真实场景中的使用感受。

根据实际情况，确定客厅、户外、卧室、厨房和卫生间 5 个场景，因为不同场景中包括不同电器的使用场景，所以事先规划好各个场景的情节。通过设置热点，用户可以参观客厅、户外、卧室、厨房、卫生间 5 个场景，体验智慧家居为生活带来的改变。在脚本结构确定后，进

一步撰写该场景的使用环节脚本。在此选取几个场景作为范例，具体如下。

场景一：户外。

主题：智慧安防、智慧家电。

内容：在户外任何一个地方，只要使用操作系统，就可以对家里设置的监控进行查看。当用户不在家时，若有人来访，则通过门口的可视对讲接入用户终端。如果是盗窃，那么会发出警报并发送视频片段给用户，由用户决定是否报警。在用户出门时，可以开启离家模式，室内灯光会被全部关闭，不需要待机的设备会自动断电，安防系统会自动启动。在下班回家前，用户可以使用操作系统，提前开启空调或地暖等温控设备。若需洗澡，则用户可以提前设置热水温度。若需烧饭，则用户可以提前设置电饭煲自动煲饭功能。

场景二：卧室、厨房。

主题：智慧起床、安心睡眠。

内容：早晨，当用户设置好的闹钟响起时，窗帘会自动拉开。走进厨房，此时精致、营养的早餐已经准备好。晚上，当用户走进卧室，一键启动睡眠模式，灯光会自动关闭，窗帘会全部闭合，此时安防系统启动，空调会自动设置到舒睡模式。

场景三：客厅。

主题：智慧影院。

内容：在晚饭后，若用户想看自己喜欢的电视剧或电影，只需要说"打开影院模式"，投影幕布就会缓缓降下，灯光就会自动调节，观影设备、环绕音响等也会自动启动。当用户离开客厅准备洗漱时，客厅灯光会调暗，观影设备会自动关闭，扫地机器人会开启工作。

另外，还可以增加时间维度。通过设置导航，用户可以切换时间段，体验同样的智慧家居在不同的时间段做出的不同响应。

3．流程图绘制

在完成脚本策划后，为了厘清整个交互设计故事的脉络，可以绘制流程图。流程图反映的是整个作品各个功能环节的组织架构，包括整个漫游的过程及叙事的逻辑。绘制流程图的工具有很多，可以使用专门的流程图软件实现，也可以使用纸和笔实现。目前，一些老牌的办公软件和一些在线软件都有绘制流程图的功能。其在功能上除了常用控件方便在绘制时使用，也提供了多人同时编辑功能，以便团队协作。智慧家居互动全景流程图"操控面板"板块如图 2-30 所示。

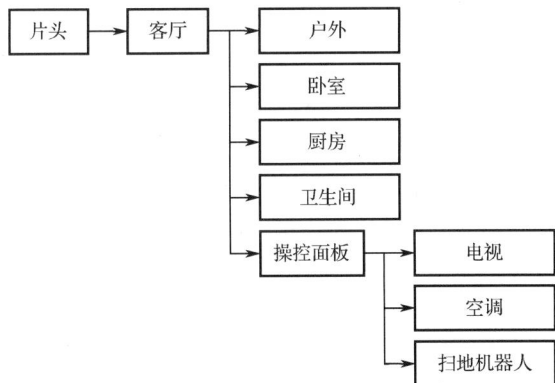

图 2-30　智慧家居互动全景流程图"操控面板"板块

本项目在片头过后就进入客厅主场景，用户可以自主选择和体验当前环境中的设备，或前往其他环境。由此可以看出，本项目的流程图是树状的，在一级节点面临多项分支。继续深入可以得知，后续的分场景也有二级节点的分支。智慧家居互动全景流程图"厨房"板块如图 2-31 所示。

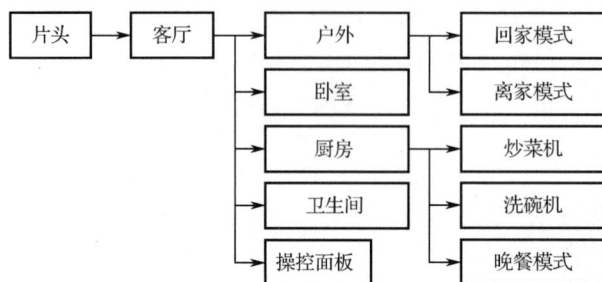

图 2-31　智慧家居互动全景流程图"厨房"板块

4. 交互内容制作

1）全景内容拍摄和编辑

根据拍摄脚本，先使用全景相机拍摄好视频素材，保存分镜头画面，将素材导入磁盘阵列中，再使用全景编辑软件将分镜头画面通过光流算法拼接成全景视频，最后使用视频编辑软件对每个场景的全景视频进行裁剪、调整色温和曝光、抹除底部的脚架和移动拍摄车等操作。

在前期，拍摄者需要注意地理位置、基本情况、建筑环境等。器材准备全景相机、移动拍摄车、无人机及相关配件，最好可以提前实地勘测，到达目的地后，根据环境标注环境特色，记录问题区域。

在拍摄过程中，拍摄者需要注意高度的调整及其稳定性，避免视角偏高或偏低。在调整全景相机参数时，拍摄者要观察拍摄周围的情况，结合实际参数进行相应调整。由于场景角度较多，因此素材区分尤为重要。在拍摄时，要做好每组素材之间的区分，以免漏拍、缺景等拍摄事故发生。

在拍摄结束后，拍摄者要检查素材是否拍摄完整，避免出现后期因素材不足而无法补拍的问题。在将素材导出并且保存后，内存卡中的素材应尽快清理，及时保存到安全的位置。

视频拼接需要消耗大量的计算机资源，在使用全景编辑软件进行拼接之前，建议先进行测速。在拼接时，可以选择光流算法、新光流算法，以及根据当前画面计算新的模板。在原有的光流算法基础上拼接速度提升了近 3 倍，但少部分场景拼接的效果可能不如使用基础的光流算法拼接的效果，建议用户在对使用此算法拼接的效果特别不满意时，尝试与使用基础的光流算法拼接的效果进行对比。根据当前画面计算新模板的模式，由于没有使用光流算法拼接，因此在有远近视差和近距离情况下拼接效果有限。

如果相机是静止的，那么 3 种类型的采样差别不大；如果相机是运动的，那么更慢速度的采样可以获得更好的画质，建议选择光流算法拼接。在视频拼接中，设置参考帧尤其重要。参考帧指软件在拼接过程中以某一帧的画面计算拼接参数，应用在整个拼接过程中，选取参考帧要选择需要输出的时间区间中的某一帧，该帧要处在物体运动的重要时刻。例如，在人物距离最近的时刻或所占比例较高的场景中设置其中一帧为关键帧，如风景拍摄。在使用 Adobe Premiere 整合所有素材时，要注意机位的固定。如果是移动机位，处理较为麻烦，那么可以选择使用圆形 Logo 遮挡底部移动拍摄车。

2）交互内容制作流程

使用 Creator 将之前完成的全景视频素材整合连接成一个完整的交互作品。其常规流程包括创建项目、添加资源、绘制流程图、编辑场景、预览/导出 5 个部分。

对照前期绘制的流程图，在编辑窗口中导入素材并将其相互串联。智慧家居互动全景流程图如图 2-32 所示。

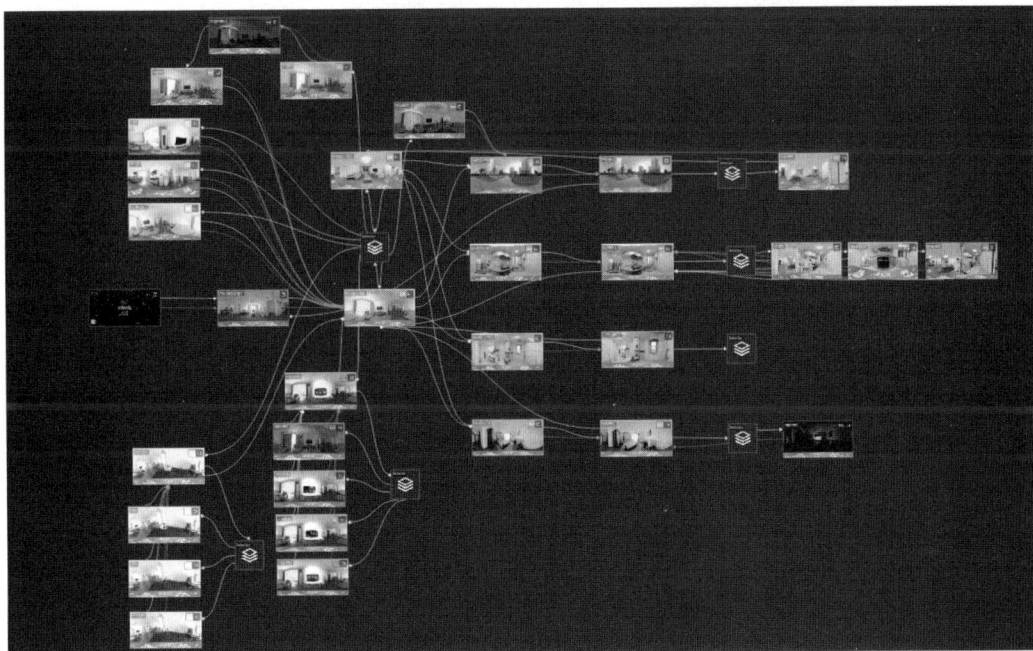

图 2-32　智慧家居互动全景流程图

下面逐步介绍制作流程。

（1）选择菜单栏中的"文件"→"新建项目"命令，在弹出的"新建项目"对话框中，输入项目名称"5G 智慧家居"，设置"主端"为"电脑端"，如图 2-33 所示。

（2）单击"添加场景"按钮，如图 2-34 所示。

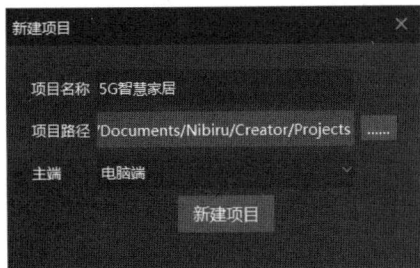

图 2-33　新建项目

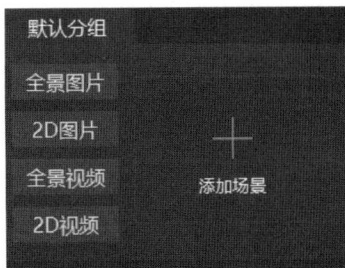

图 2-34　添加场景

（3）由于图片和视频素材数量较多，因此可以添加分组，并且右击添加的分组，在弹出的快捷菜单中选择"修改名称"命令，如图 2-35 所示。

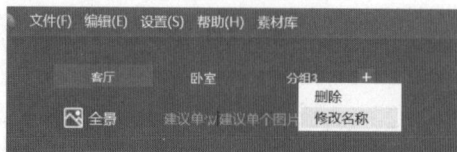

图 2-35　修改名称

（4）分组导入的素材面板如图 2-36 和图 2-37 所示。

图 2-36　分组导入的素材面板 1

图 2-37　分组导入的素材面板 2

（5）按照智慧家居互动全景流程图，将开始部分对应素材拖入编辑窗口，如图 2-38 所示。

图 2-38　添加项目开场资源

（6）单击左侧的第一个图片，当光标移动到图片边缘处时，出现橘色小长方形，按住鼠标左键不放，并从任意一个小长方形上拉出一条线，与右侧的一个图片边缘进行连接。当连接上

以后，第二个图片边缘处也会出现橘色小长方形，这样就可以在不同场景之间跳转，如图2-39所示。

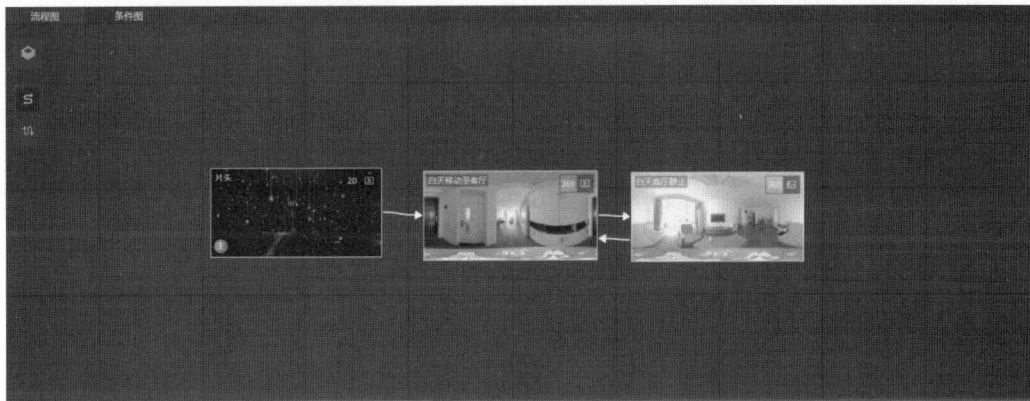

图2-39　连接项目开场资源

（7）双击左侧的第一个图片，进入片头的编辑窗口，开始编辑片头视频，如图2-40所示。

图2-40　编辑片头视频

（8）单击右侧面板中的热点图标，添加跳过片头的热点图标，如图2-41所示。

图2-41　添加跳过片头的热点图标

（9）在场景中成功添加热点图标后，可以修改相关属性。将热点图标的开始时间设置为"2"，结束时间设置为"15"；将"热点标题"改为"点击进入"；在"热点内容"中设置"当前热点设置跳转的场景"为"白天移动至客厅"，如图 2-42 所示。

图 2-42　修改相关属性

（10）单击左上角的"返回"按钮，返回流程图界面。将"卧室""卫生间""厨房""户外"等场景的素材拖动到流程图中间，并设置好其连接关系，如图 2-43 所示。

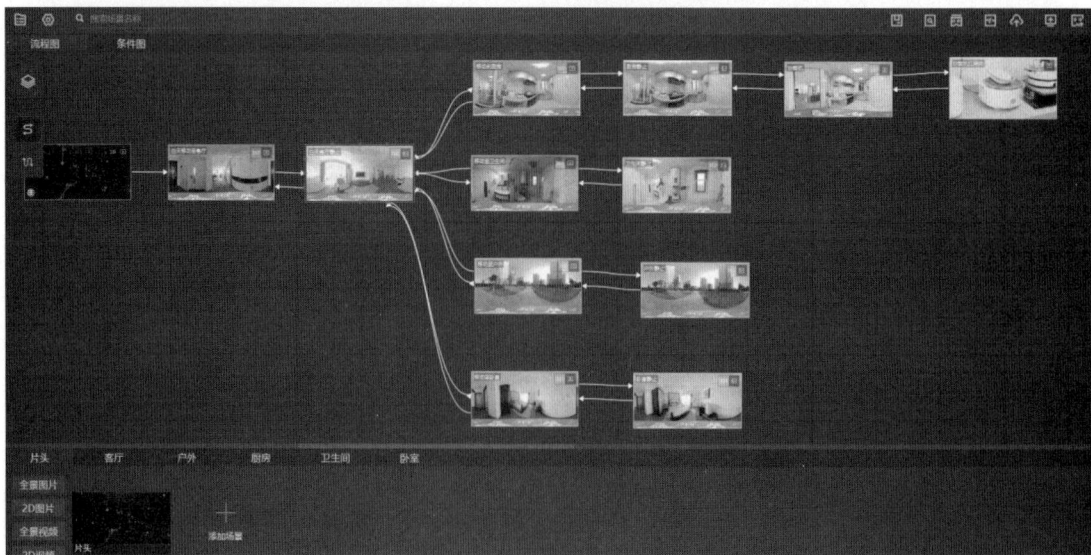

图 2-43　连接各场景

（11）图 2-44 所示为预览效果。可以发现，界面中的位置指示与实际情况不符。先双击"白天客厅静止"指示图标打开编辑窗口，再双击其中一个指示图标，将该指示图标修改到正确的位置。

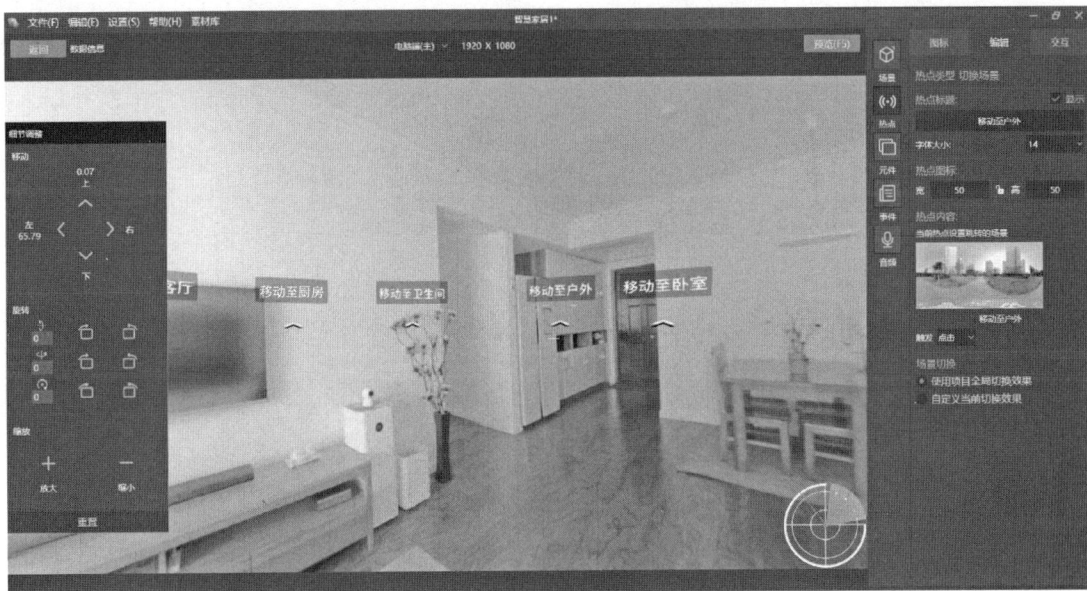

图 2-44 预览效果

（12）使用同样的方法将其他场景中的指示图标都修改到正确的位置，如卧室场景，如图 2-45 所示。

图 2-45 修改指示图标

（13）客厅场景除了可以通往其他房间，还可以执行一些其他功能，如开启电视或控制空调等。可以添加一个操控面板，在操控面板中集合多个器件的选择器以实现这个功能。先单击左侧的  图标，并将其拖动到编辑窗口的中间，再将"一键追剧""空调""净化器"等视频素材拖动到编辑窗口中，并设置好连接关系，如图2-46所示。

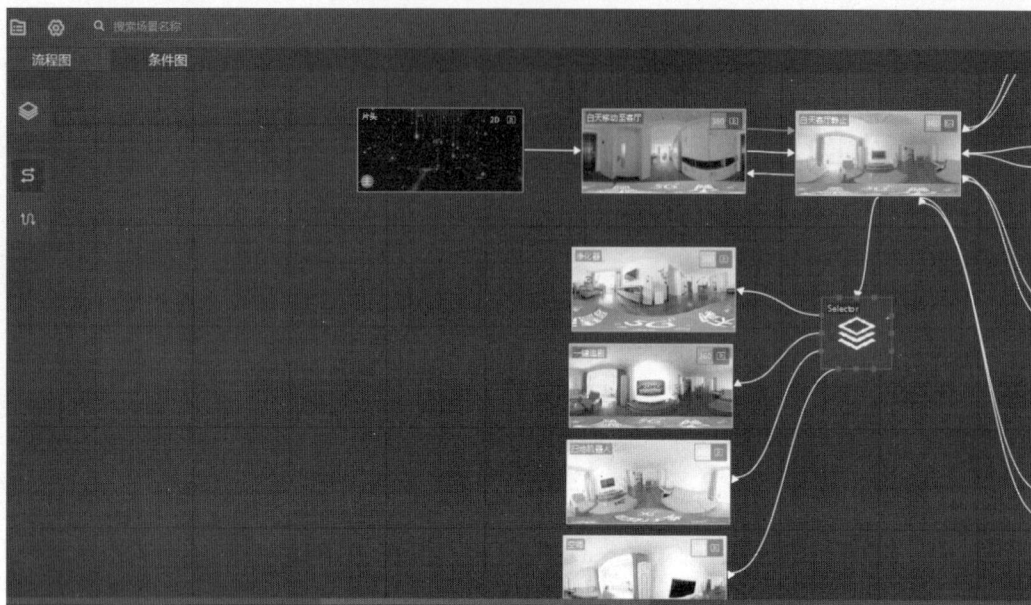

图2-46　连接选择器

（14）图 2-47 所示为预览多个选择器的效果。可以发现，在客厅场景中已经多了一个"Selector"选择器。

图2-47　预览多个选择器的效果

（15）返回编辑窗口，双击客厅场景，单击"Selector"选择器，对选择器名称和位置做进一步的调整，如图 2-48 所示。

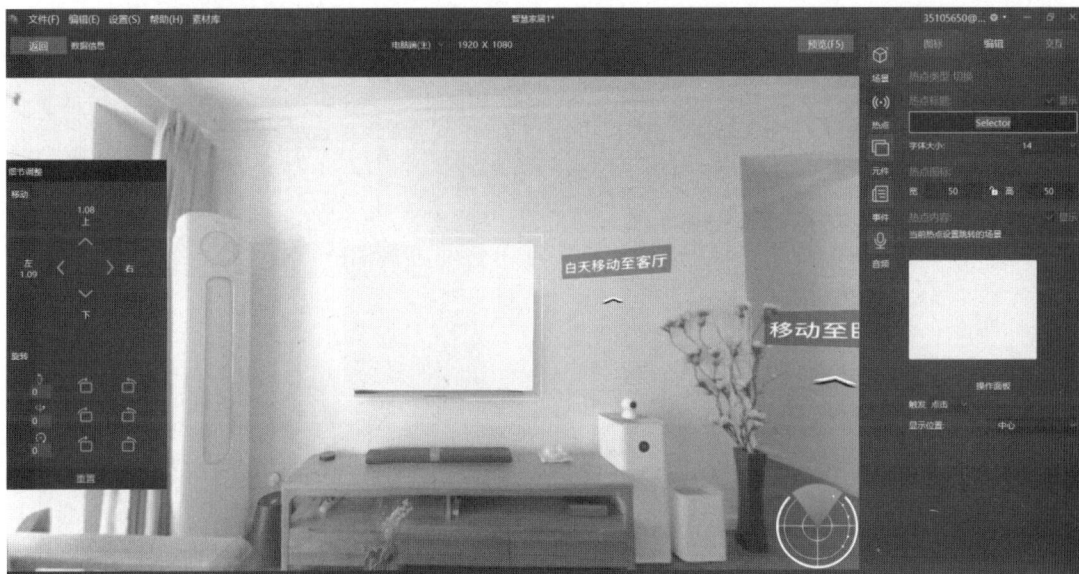

图 2-48　调整选择器名称和位置

（16）将选择器的"热点标题"改为"操控面板"，可以发现，场景中的指示图标已经发生了改变，如图 2-49 所示。

图 2-49　修改热点标题

（17）在编辑窗口中，双击选择器，在右侧修改"宽"为"240"，"高"为"300"，如图 2-50 所示。

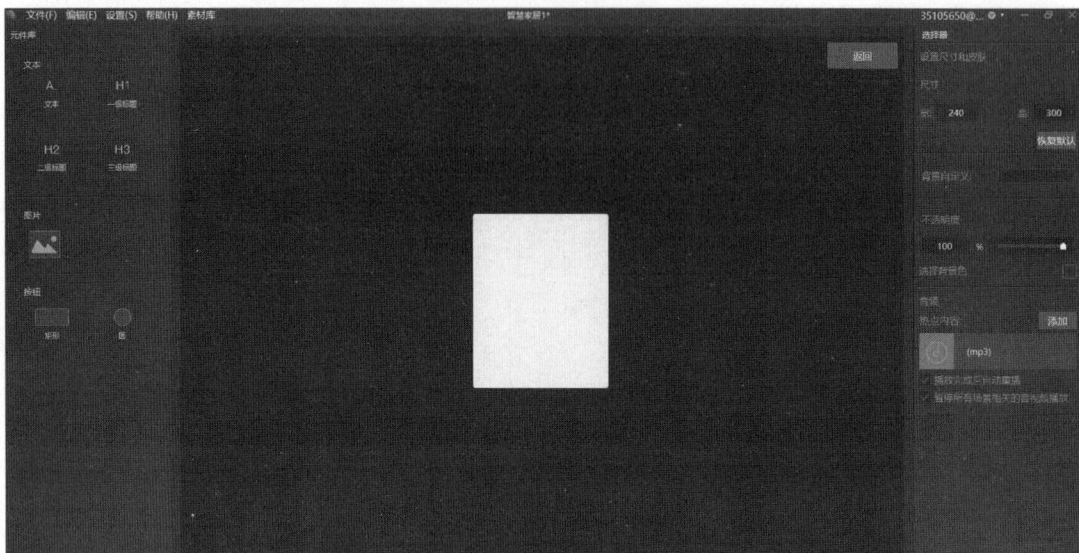

图 2-50　添加选择器

（18）从左侧拖动指示图标到编辑窗口中，单击右侧的"浏览"按钮，从素材文件夹中选择"平板电脑"图片素材作为操控面板的背景，如图 2-51 所示。

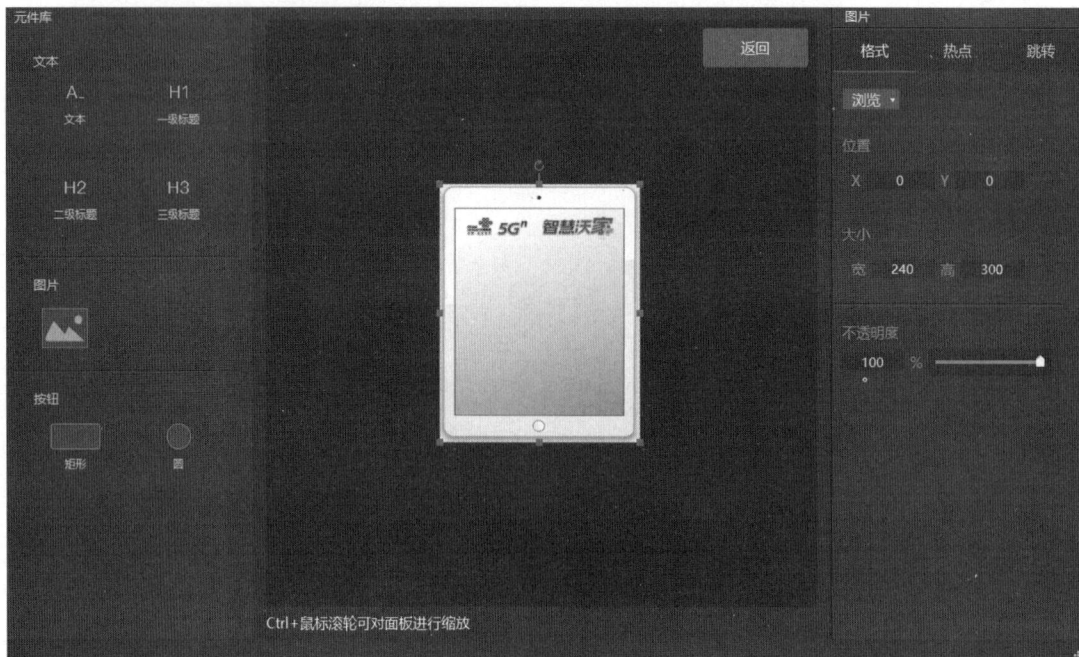

图 2-51　添加背景

（19）继续拖动指示图标到编辑窗口中，单击"浏览"按钮，选择素材文件夹中的"空

气净化"图片，设置完成后切换右侧面板为"跳转到"，选择"净化器"全景视频，如图 2-52 所示。

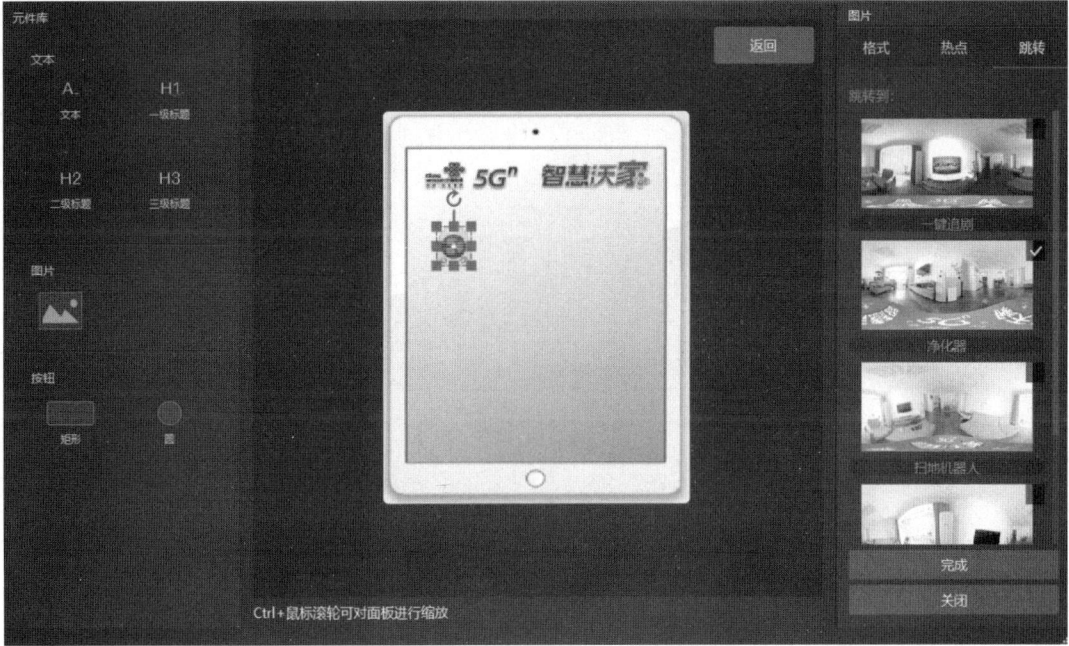

图 2-52　选择"净化器"全景视频

（20）预览效果如图 2-53 所示。

图 2-53　预览效果

（21）按照相同的方法，依次添加其他控制按钮，并设置好连接。全部添加完成后的界面效果如图 2-54 所示。

图 2-54 全部添加完成后的界面效果

（22）至此，智慧家居的基本功能设置完毕。如果需要增加更多功能，那么随时可以添加连接，如在卧室场景中可以添加选择器，连接上"安睡模式"。实际效果可以参考成品案例欣赏。

练习题 8

姓　名		班　级	

1. 扫一扫右侧二维码看"智慧家居"微课视频，为卧室或户外模式绘制互动流程图。

2. 写出你打算添加的互动体验。

3. 扫一扫右侧二维码下载《5G沃家》素材，完成5G智慧家居虚拟交互项目作品。

实训项目 3 开发文旅虚拟交互项目

学习目标	知道	文旅虚拟交互项目的技术流程
	会撰写	虚拟交互项目的脚本
	会画	虚拟交互项目的流程图
	会用	Creator 实现交互功能
建议学时	8 学时	

1．项目描述

黄帝文化一直是中华民族的象征性符号，黄帝和炎帝被称为"人文初祖"。黄帝陵古称"桥陵"，是历代帝王和名人祭祀黄帝的场所，目前景区位于陕西省延安市黄陵县城北桥山。1961 年，黄帝陵被列为第一批全国重点文物保护单位。2006 年，黄帝陵祭典活动被列入第一批国家级非物质文化遗产名录。2014 年，黄帝陵被列入申报世界文化遗产项目。黄帝陵中现存的四大景点分别是黄陵古柏、碑亭、古代历代帝王的题词和下马石。

本次文旅虚拟交互项目使用虚拟三维技术，通过游戏项目将黄帝陵景区、四大景点串联起来，使用户在完成八卦碎片收集的同时，浏览景区全貌，了解文物和文物故事。黄帝陵全貌如图 2-55 所示。碑亭如图 2-56 所示。

图 2-55 黄帝陵全貌

图 2-56 碑亭

2. 脚本策划

脚本策划是文旅虚拟交互项目开始前的重要环节，黄帝陵文旅虚拟交互项目借鉴了寻宝与角色扮演结合的游戏玩法，用户角色（见图 2-57）、智能角色和 NPC（非用户角色）通过对话推动剧情和项目的完成。

图 2-57　用户角色

确定所有场景，其中场景 1 到场景 4 为这个项目的开端，主要将黄帝陵的位置、黄帝介绍、黄帝陵的当代价值和黄陵古柏通过用户角色和 NPC 对话讲述出来。例如，用户说："NIA，这棵树看起来挺特别的，这是什么树？" NIA 答："搜索中……这是黄帝轩辕庙中的黄陵古柏，又叫轩辕柏、黄帝手植柏，据传为轩辕黄帝亲手所植。"

场景 5 到场景 11 分别通过黄帝陵中的重点文物和重点景点与八卦的 8 个卦相结合进行讲述。表 2-1 所示是八卦碎片的收集顺序和景点浏览顺序的对应情况，如乾卦在黄陵古柏处，离卦在诚心亭处，兑卦在碑廊处等。

表 2-1　八卦碎片的收集顺序与景点浏览顺序的对应情况

卦名	乾卦	离卦	兑卦	震卦	坤卦	巽卦	坎卦	艮卦
景点名称	黄陵古柏	诚心亭	碑廊	碑亭	"人文初祖" 匾	祭祀广场	轩辕殿	祭亭

场景 12 和场景 13 是这个项目的结局，通常为游戏的胜利或失败画面，以及后续的影子部分。

将脚本的结构设计好后，开始进行脚本撰写。在此，从 3 个部分中各选取一个环节，除了开端和结局，八卦碎片寻找部分选取的是碑亭。NIA 为虚拟世界中的智能角色，主角为用户，NPC 为虚拟世界中与主角互动的角色。

➢ 黄帝陵文旅虚拟交互项目脚本节选

场景 1

NIA：已分析出装置碎片落点——黄帝陵，是否立即出发？

主角：出发吧！

场景 2

NIA：前方到达黄帝陵。

主角：黄帝陵？这是什么地方？好像和之前看到的人类的住所不太一样。

NIA：搜索中……

NIA：黄帝陵，是轩辕黄帝的陵寝，位于陕西省延安市黄陵县城北桥山。古称"桥陵"，是历代帝王和名人祭祀黄帝的场所。

主角：黄帝是什么人？

NIA：搜索中……

黄帝，古华夏部落联盟首领，中国远古时代华夏民族的共主，五帝之首，与炎帝一起被尊为中华"人文初祖"。

约在 4600 多年以前，炎帝与蚩尤大战，炎帝战败，于是炎帝与黄帝联合起来共同抗敌，在今河北省张家口市涿鹿县境内，展开了与蚩尤部落的战争——涿鹿之战，蚩尤战死。

从此中原各部落统一，确立了中华民族同祖同源的观点。

黄帝死后，后人为了祭祀黄帝，修建了黄帝陵。

主角：原来是这样，从他的贡献来看，他的确是一位值得纪念的人。我们先下去看看吧！

……

场景 8

主角：NIA，你看这有两块大石碑，不过好像和旁边的不太一样。

NIA：搜索中……

碑亭形式与诚心亭相仿，面积较之略大，中间仍为过亭，东、西两侧有砖墙，面阔五间，进深一间，卷棚顶，施灰布板瓦、筒瓦，枋额间施旋子彩绘。

碑亭是重要石碑陈放亭，亭内现存石碑四通。

主角：看来这些石碑都是很珍贵的文物呢，我们找碎片的时候要小心点儿。

场景 9

主角：NIA，我们找到的这是什么碎片？

NIA：搜索中……

这是震卦。震卦象征了雷，是阳春三月，雷震而万物萌动的意思。先天数为四，后天数为三。

在人体中，震卦代表了脚。就五行来说，震卦代表了木。就地理来说，震卦的先天方位为东北方，后天方位为东方。

主角：原来是这个意思，先收起来吧，再看看还有没有没找到的。

3．流程图绘制

在完成脚本策划后，开始进行流程图绘制。流程图反映的是整个作品各个功能环节的组织架构，即故事是如何展开的，以及叙事的逻辑如何。绘制流程图的工具有很多，包括传统的纸与笔和一些流程图软件。绘制流程图的软件如图 2-58 所示。

从整体架构来看，本项目依然遵循三幕体结构，包含开端、发展、结局 3 个部分，开端为进入黄帝陵开始寻找八卦碎片，发展是分别寻找到 8 个碎片，结局是将找到的 8 个碎片拼合成一个完整的八卦。可以发现，本项目使用的是交互叙事中的树状并行结构。开发文旅虚拟交互项目流程图如图 2-59 所示。

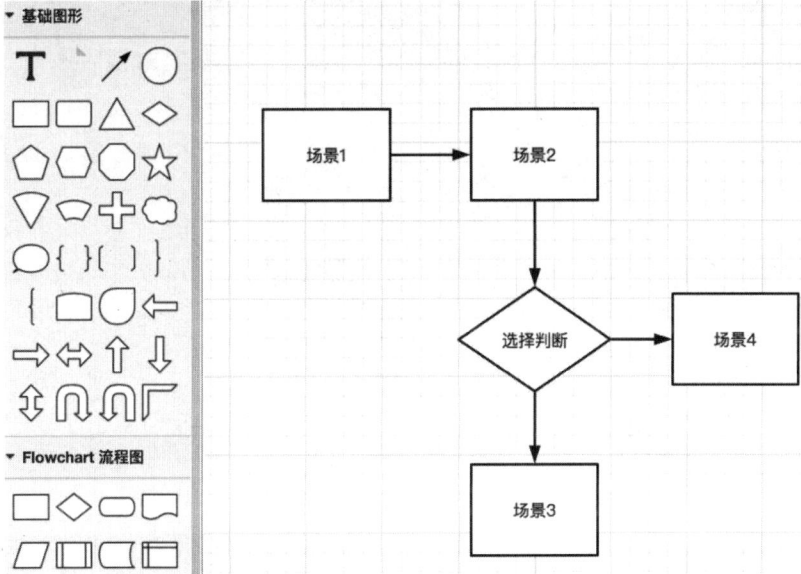

图 2-58　绘制流程图的软件

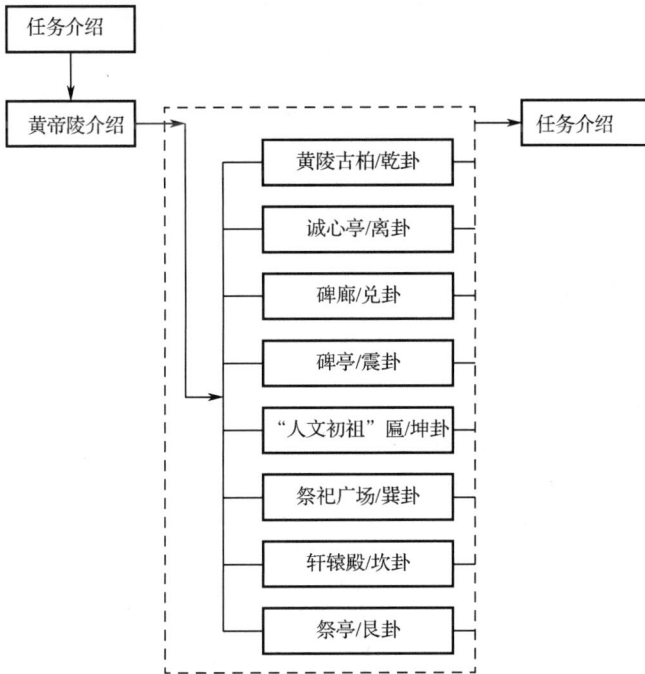

图 2-59　开发文旅虚拟交互项目流程图

4．交互内容制作

在完成流程图的绘制后，开始制作交互内容。此时已经根据脚本和流程图完成了黄帝陵素材的拍摄、整理收集和相应的后期处理。黄帝陵文旅虚拟交互项目资源关系如图 2-60 所示。黄帝陵文旅虚拟交互项目逻辑关系如图 2-61 所示。黄帝陵文旅虚拟交互项目"与""或"关系如图 2-62 所示。

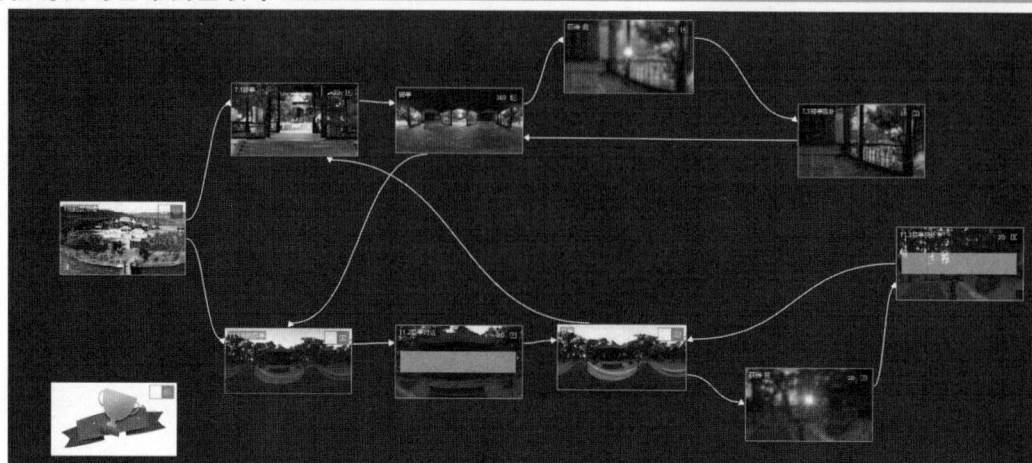

图 2-60　黄帝陵文旅虚拟交互项目资源关系

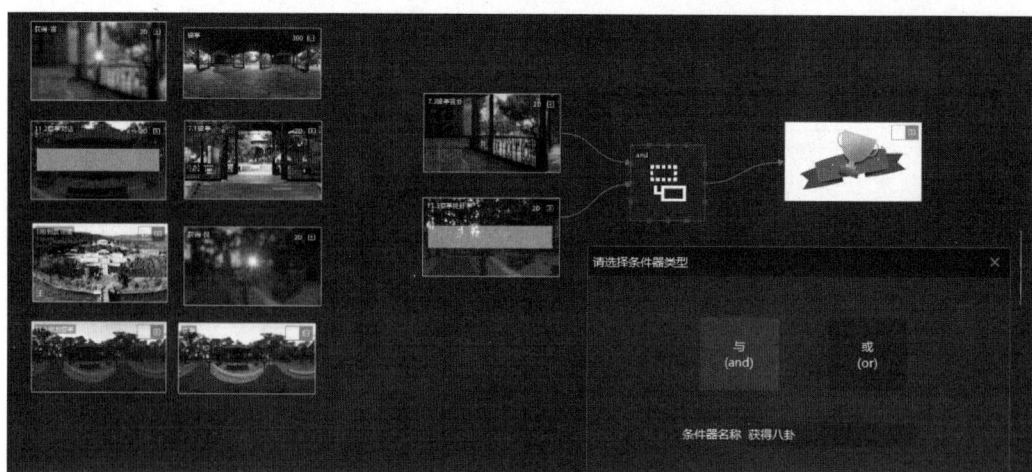

图 2-61　黄帝陵文旅虚拟交互项目逻辑关系

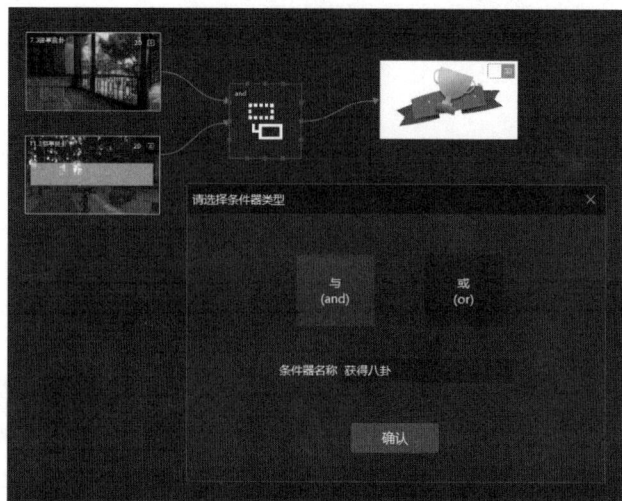

图 2-62　黄帝陵文旅虚拟交互项目"与""或"关系

下面逐步介绍制作流程。

（1）选择菜单栏中的"文件"→"新建项目"命令，在弹出的"新建项目"对话框中，输入项目名称"虚拟黄帝陵"，设置"主端"为"电脑端"，如图 2-63 所示。

图 2-63　新建项目

（2）单击"添加场景"按钮，如图 2-64 所示。

（3）这时可以将视频和图片依次导入项目，如图 2-65～图 2-67 所示。

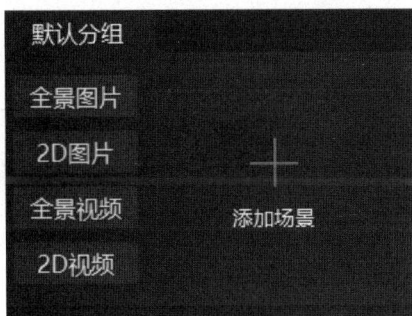

图 2-64　添加场景

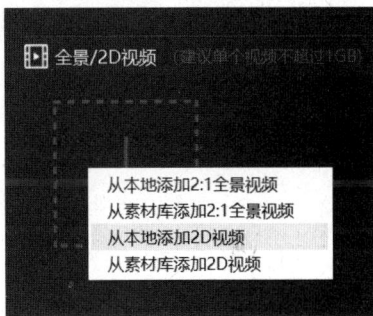

图 2-65　导入 2D 视频

图 2-66　选择资源类型

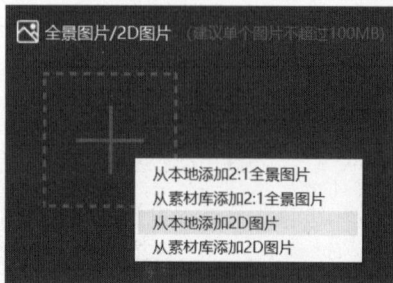

图 2-67　导入 2D 图片

（4）导入后，将图片、视频拖动到如图 2-68 所示的位置。

图 2-68　拖动图片、视频到合适的位置

（5）单击左侧的第一个图片，当光标移动到图片边缘处时，出现橘色小长方形，按住鼠标左键不放，并从任意一个小长方形上拉出一条线，与右侧的一个图片边缘进行连接。当连接上以后，第二个图片边缘处也会出现橘色小长方形，如图 2-69 所示。

图 2-69　连接各场景

（6）完成资源连线，如图 2-70 所示。

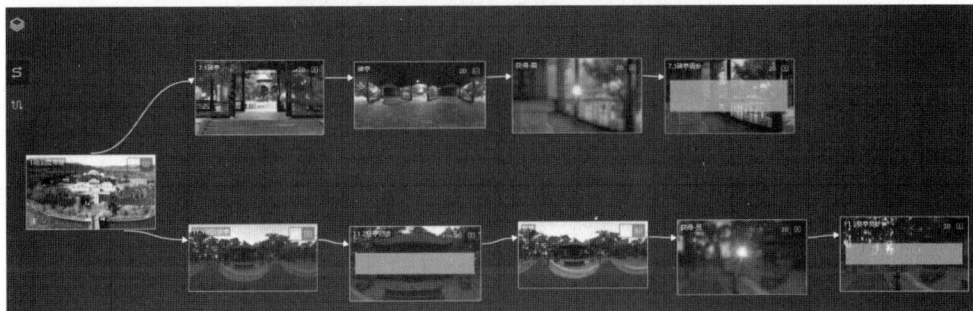

图 2-70 完成资源连线

（7）双击左侧的第一个图片，进入场景，进行互动编辑。

（8）在视频中可以通过二选一，跳转到祭亭或碑亭场景中。这里把祭亭场景的热点图标更换为向右的箭头，"热点标题"设置为"去祭亭"，"字体大小"设置为"16"，"宽"和"高"都设置为"100"，如图 2-71 所示。

图 2-71 修改热点标题、字体大小和热点图标 1

（9）碑亭场景也依据这一方法对热点图标和热点标题进行修改，最终效果如图 2-72 所示。

图 2-72 最终效果

（10）下面开始设置碑亭场景的交互功能。

（11）单击左上角的"返回"按钮，返回流程图界面，双击"碑亭"图片，进入碑亭场景。此时，勾选右侧的"播放时允许显示进度条"复选框，如图 2-73 所示。注意，所有视频在编辑前都需要勾选此复选框，以便用户在使用时可以自主选择视频的播放位置。

图 2-73　勾选"播放时允许显示进度条"复选框

（12）将视频中的热点图标更换为向右的箭头，并将"热点标题"改为"寻找八卦"，如图 2-74 所示。

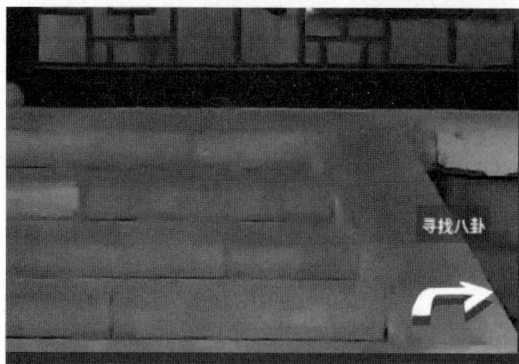

图 2-74　修改热点标题

（13）"寻找八卦"热点在视频播放的末尾出现，这时拖动视频下方的时间轴滑块，将时间设置在 1 分 30 秒左右的位置，如图 2-75 所示。在设置完成后，单击左上角的"返回"按钮，返回流程图界面。

图 2-75　设置时间

（14）下面开始编辑碑亭全景图片中的交互功能。在此处，将"热点标题"改为"认识震卦"，"字体大小"改为"16"，"热点图标"改为手指形，如图 2-76 所示。

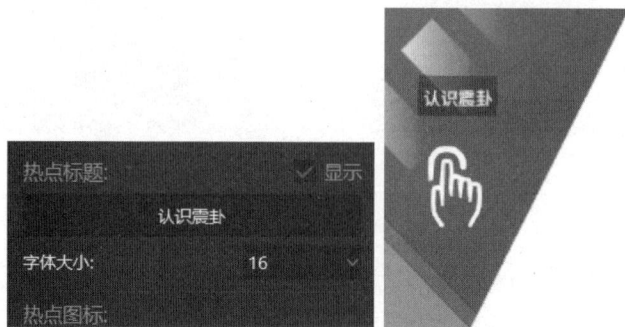

图 2-76　修改热点标题、字体大小和热点图标 2

（15）为了使"认识震卦"热点在八卦碎片出现后出现，应将视频时间调至 6 秒左右的位置，如图 2-77 所示。

图 2-77 设置视频时间

（16）此时，单击左上角的"返回"按钮，返回流程图界面。

（17）由于在"震卦"解释视频的交互设计中，用户需要先看到卦象的介绍然后单击"收藏"按钮，因此需要在"收藏"按钮上添加一个透明图片作为热点，并添加收藏的音效。当用户单击后触发音效，代表"震卦"已被收集。

（18）双击"碑亭震卦"图片，进入场景。单击"自定义图标"按钮，将透明图片导入项目，如图 2-78 所示。

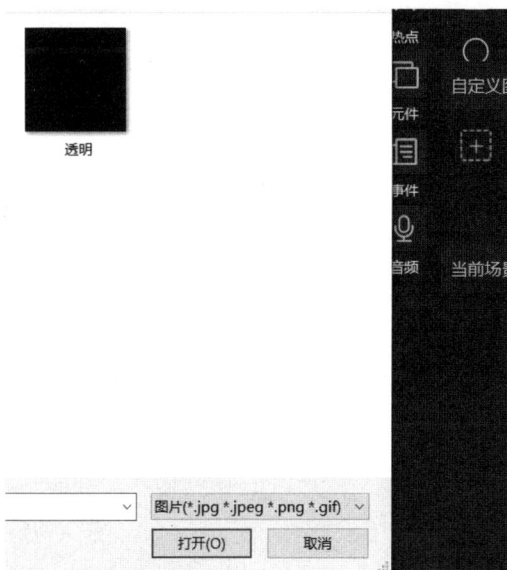

图 2-78 导入透明图片

（19）此时，将透明图片拖动到场景中，并将"热点类型"改为"音频"，取消勾选"热点标题"右侧的"显示"复选框，将热点图标的"宽"改为"350"，"高"改为"100"。

（20）单击"热点内容"右侧的"添加"按钮，将"获取碎片声音"音频导入项目，取消勾选"播放完成后自动重播"复选框，如图 2-79 所示。

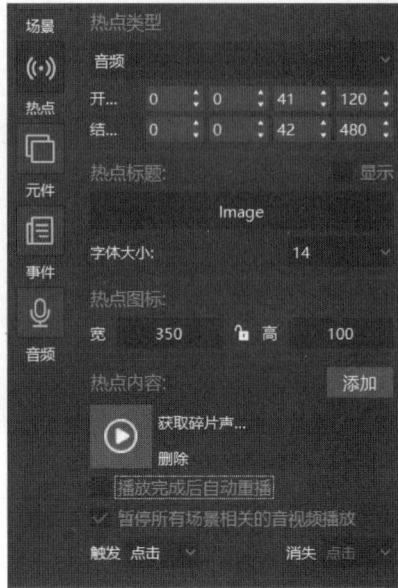

图 2-79　添加音频

（21）将音频时间调至 40 秒左右的位置，也就是当音频播放到相应位置时，"收录"按钮的单击音效功能生效，如图 2-80 所示。

图 2-80　设置"收录"按钮的单击音效功能

（22）至此，完成碑亭场景中震卦的互动收集效果的设置。

（23）祭亭场景中艮卦的互动收集效果的设置与震卦类似，在此提供关键步骤的参数。

（24）双击"祭亭"图片，进入场景，修改热点标题、字体大小和热点图标，如图 2-81 所示。

图 2-81　修改热点标题、字体大小和热点图标 3

（25）单击左上角的"返回"按钮，返回流程图界面，双击"祭亭"图片，进入场景，在视频的 1 分 50 秒左右的位置添加热点，设置热点参数，如图 2-82 所示。

图 2-82　设置热点参数 1

（26）进入"祭亭"图片，为热点添加链接，并设置热点参数，如图 2-83 所示。注意，应取消勾选"热点标题"右侧的"显示"复选框。

（27）在打开"认识艮卦"视频时，同样需要勾选"播放时允许显示进度条"复选框，并在视频播放的 5 秒左右的位置添加热点，设置"热点标题"为"认识艮卦"，并设置字体大小、热点图标，如图 2-84 所示。

图 2-83　设置热点参数 2

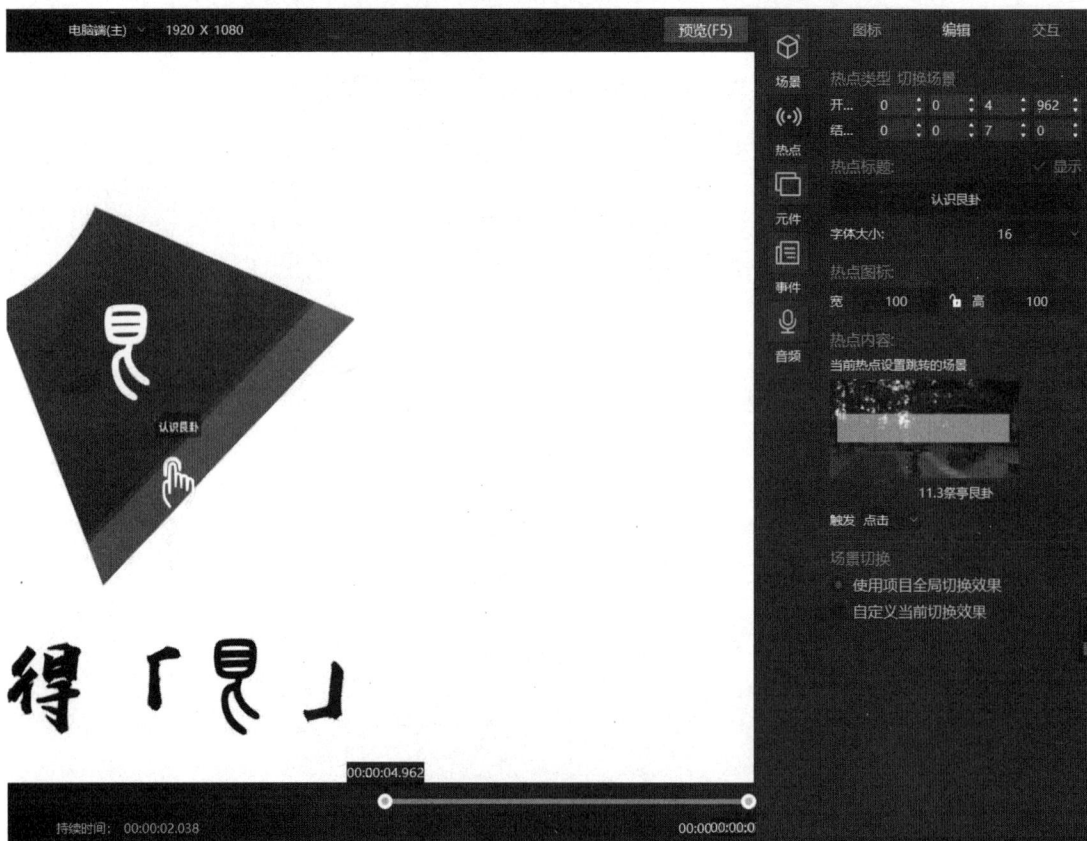

图 2-84　添加热点并设置热点参数

（28）最后一个收录艮卦场景的操作步骤和参数设置与"碑亭"的收录震卦场景相似。在视频播放的 51 秒左右的位置添加透明图片，并将其尺寸调整为 350 px×100 px，"热点类型"设置为"音频"，单击"热点内容"右侧的"添加"按钮，添加"获取碎片声音"音频。单击"返回"按钮，返回流程图界面，如图 2-85 所示。

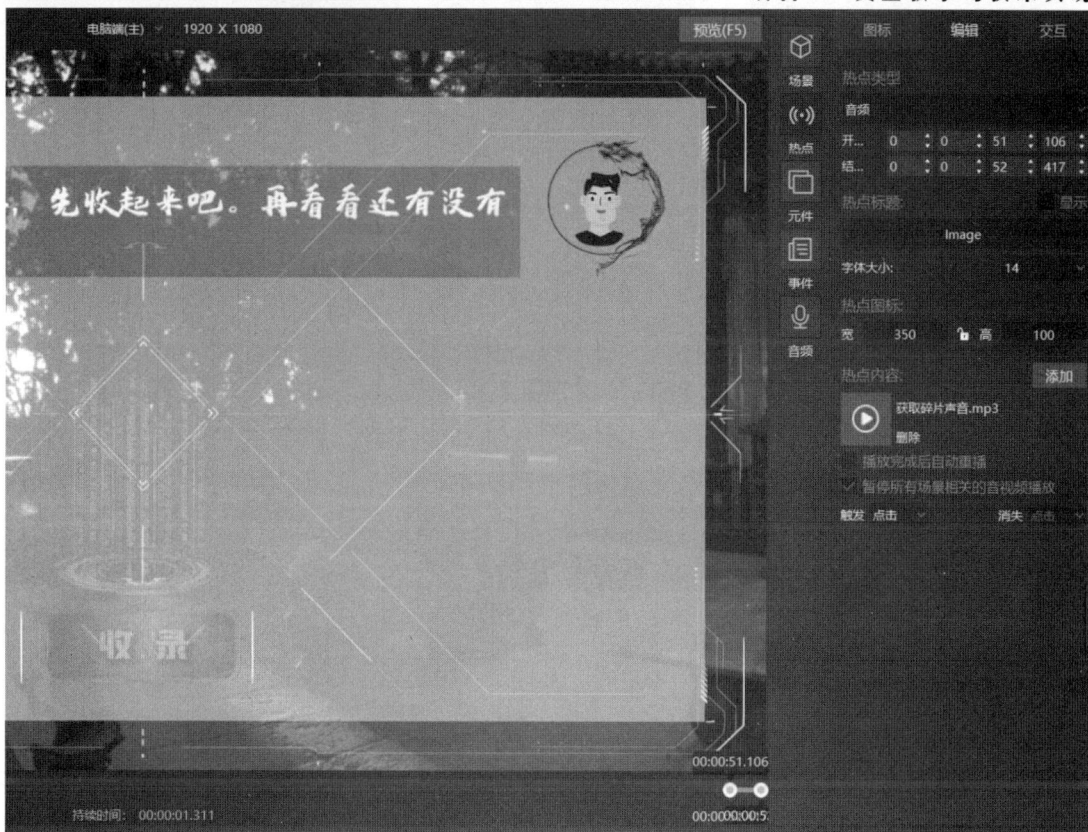

图 2-85　添加音频

（29）至此，完成震卦和艮卦的互动收集效果的设置，现在为两个场景增加相互关联的通道，也就是完成震卦收集可以跳转到祭亭场景中，完成艮卦收集可以跳转到碑亭场景中。将关联的场景用线连接起来，如图 2-86 所示。

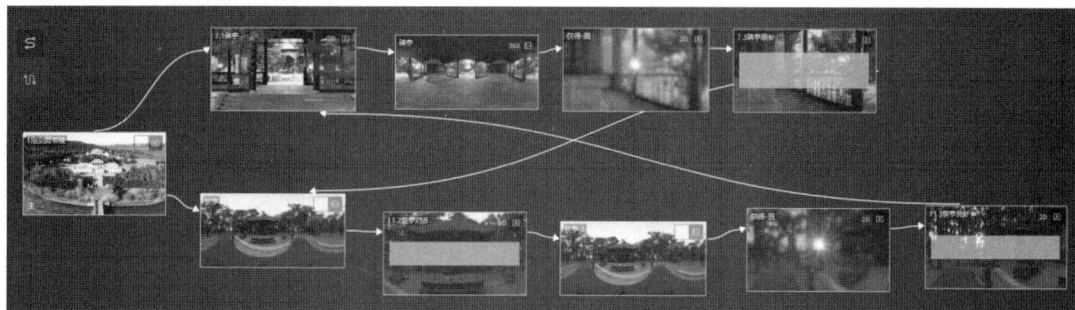

图 2-86　连接各场景

（30）分别调整"碑亭震卦"和"祭亭艮卦"热点的位置和名称，热点名称分别为"跳转祭亭"和"跳转碑亭"。这里需要将两个热点都放在"收录"按钮出现之后。"跳转碑亭"热点的设置如图 2-87 和图 2-88 所示。

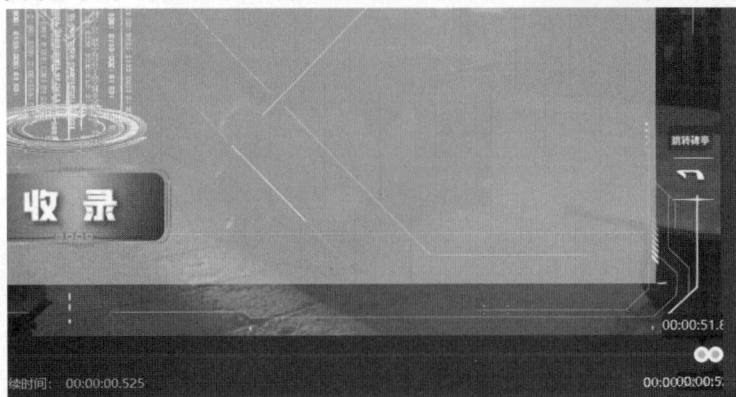

图 2-87 "跳转碑亭"热点的设置 1

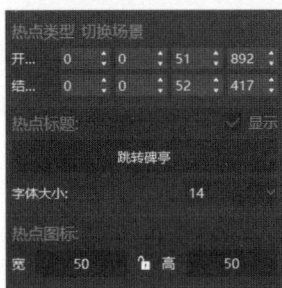

图 2-88 "跳转碑亭"热点的设置 2

（31）"跳转祭亭"热点的设置如图 2-89 和图 2-90 所示。

图 2-89 "跳转祭亭"热点的设置 1

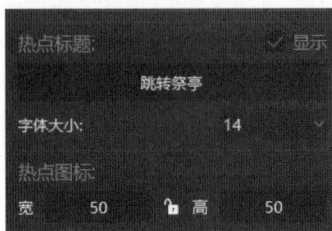

图 2-90 "跳转祭亭"热点的设置 2

（32）至此，各个场景的跳转设置完成。下面开始进行"与""或"逻辑功能的设置，即当完成单击"震卦"和"艮卦"两个碎片的"收录"按钮后，将完成"获得八卦盘"项目。这里将实际的项目中找到8个八卦碎片改为找到两个八卦碎片。

（33）将"获得八卦盘"视频拖拽到流程图界面中，这时无须将它与任何一个场景连线，如图2-91所示。

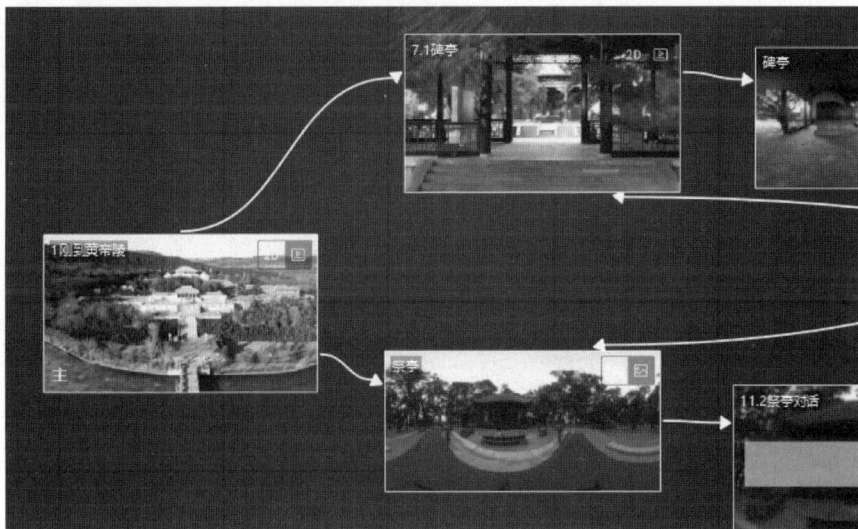

图 2-91　添加"获得八卦盘"视频

（34）单击"条件图"场景切换按钮，按住右上角的"添加'与''或'逻辑"按钮不放，将其拖动到"碑亭震卦"与"祭亭艮卦"热点中间，如图2-92所示。

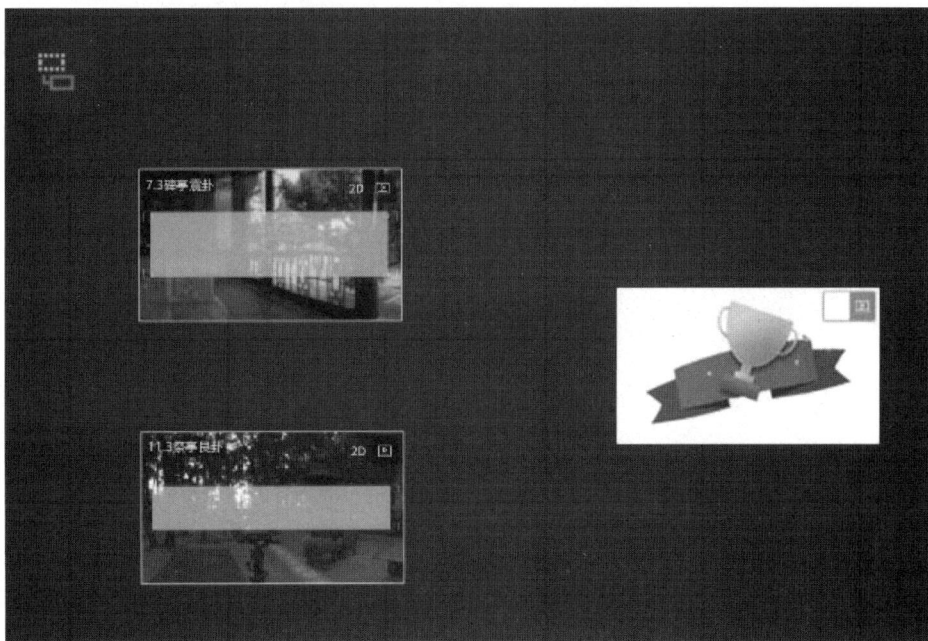

图 2-92　添加条件图

（35）将"条件器名称"改为"获得八卦盘"，如图 2-93 所示。添加条件器，如图 2-94所示。

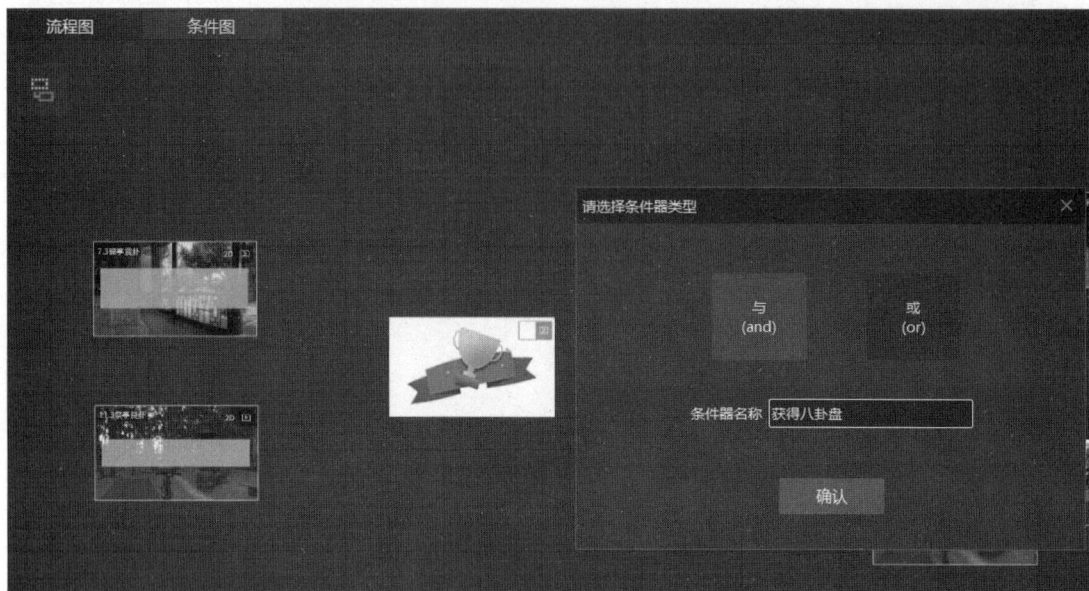

图 2-93　更改条件器名称

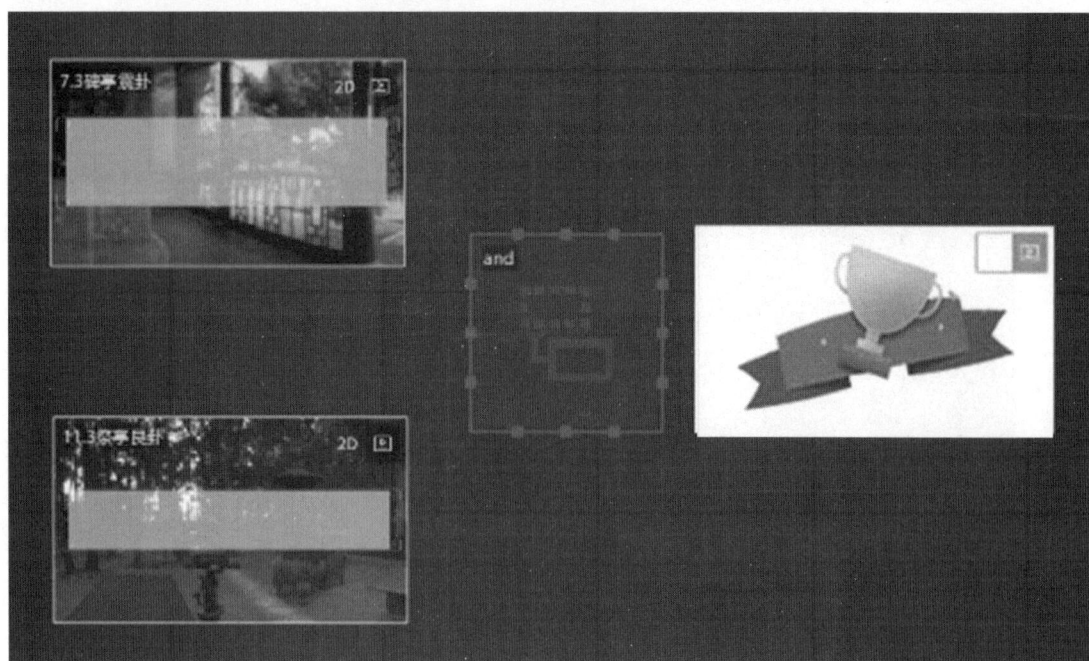

图 2-94　添加条件器

（36）将"碑亭震卦"和"祭亭艮卦"热点与条件器连接，将条件器与获得八卦盘场景连接。此时要确保条件器的类型为"与（and）"，就是当震卦和艮卦都被选中时，会跳转到获得八卦盘场景中，如图 2-95 所示。

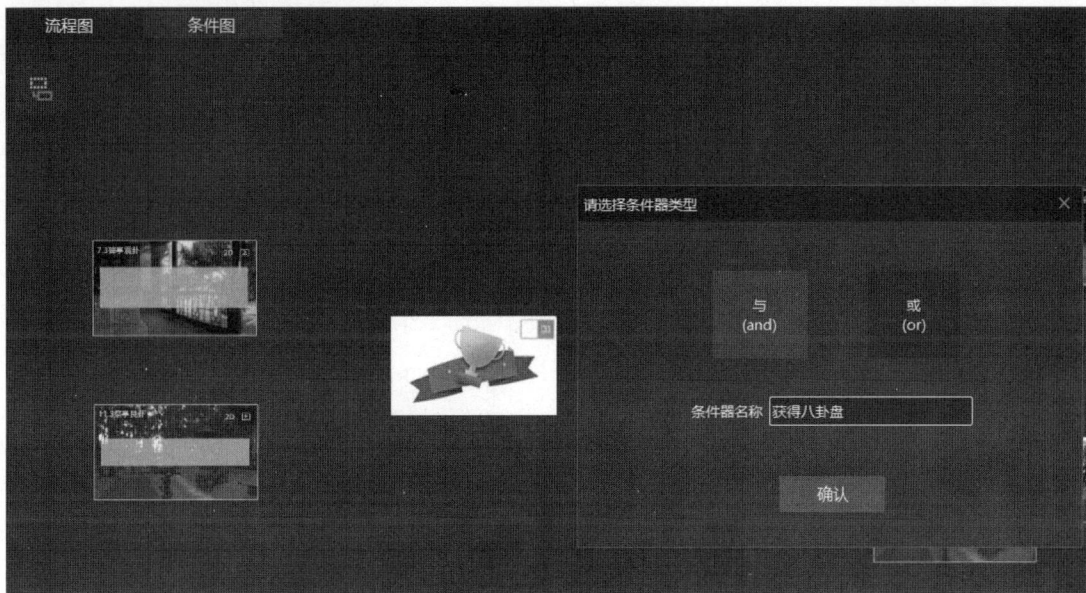

图 2-95　连接条件器

（37）如果将"与（and）"改为"或（or）"，那么就是当震卦或艮卦中的任意一个被选中时，会跳转到获得八卦盘场景中，如图 2-96 所示。

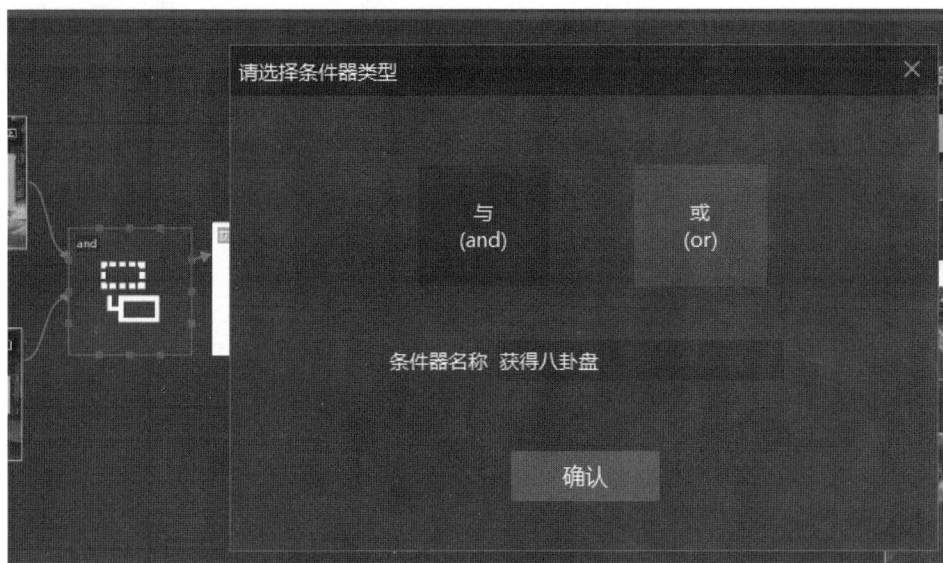

图 2-96　选择条件器类型

（38）在完成"与""或"逻辑功能的设置后，下面设置条件器对象。双击"碑亭震卦"图片，进入场景，在视频的 40 秒左右的位置，即"收录"透明按钮出现时，选中该透明按钮，选择"设置条件器对象"下拉列表中的"待定"选项。

（39）选择"设置条件器对象"为"Image"，如图 2-97 和图 2-98 所示。

选择条件器	获得八卦盘
设置条件器对象	空
	空
触发条件	待定

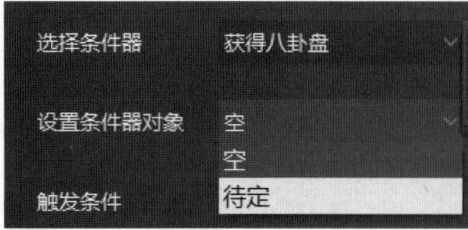

图 2-97　设置条件器对象 1

选择条件器	获得八卦盘
设置条件器对象	Image
触发条件	开启

图 2-98　设置条件器对象 2

（40）在艮卦场景中重复这一操作，如图 2-99 和图 2-100 所示。

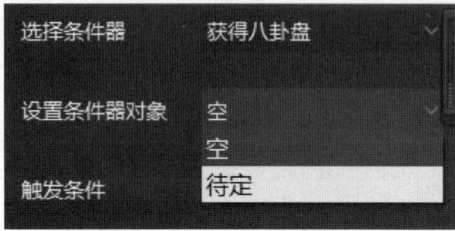

选择条件器	获得八卦盘
设置条件器对象	空
	空
触发条件	待定

图 2-99　设置条件器对象 3

选择条件器	获得八卦盘
设置条件器对象	Image
触发条件	开启

图 2-100　设置条件器对象 4

至此，完成制作。返回主场景，单击"预览"按钮 ▣ 进行预览。

练习题 9

姓　名		班　级	

扫一扫右侧二维码下载全景文件，制作一个收集坎卦和艮卦的三维交互作品。

实训项目 4　开发红色展厅虚拟交互项目

学习目标	知道	红色展厅虚拟交互项目的技术流程
	会分析	全景作品的技术流程
	会画	虚拟交互项目的流程图
	会用	3ds Max 渲染和贴图
		3ds Max 生成全景图片
		3ds Max 完成全景图片的出图
建议学时	8 学时	

1．项目描述

本项目以实际案例"小红梅信仰生活空间"，简称"小红梅"为例进行讲解。

在制作一个项目时，需要了解项目需求。通常由项目需求方通过文档、会议、口头等方式告知项目需求。

小红梅建于 2015 年，依托南京市玄武区梅园新村街道的区位优势，经历了 4 个版本的更新升级。小红梅的核心是红色文化产品内容建设，在小红梅中，各类中华优秀传统文化符号形成了完善体系，让小红梅的每个角落都有称手的思想武器。

通过实地走访，项目组梳理出小红梅的困难和虚拟化设计的需求。首先，场馆的面积较小，可容纳同时参观的人数有限，馆内的一些重要标识完全依靠讲解员来讲解，讲解品质受到讲解员数量和讲解水平的影响。此外，小红梅负责人希望把小红梅打造成一个永不落幕的党史学习教育基地。

针对这一项目需求，确定采用全景摄影和三维互动的方式，把小红梅进行一比一的线上再现，同时加入语音解说、馆内标志热点等制作形式，打造一个易于传播且在互联网上永不落幕的党史学习教育基地。

在确定了项目需求后，接下来就是准备项目资料。

（1）确定空间的点位，这也是所有制作中必须要确定的资料。点位的确定，直接关系到整个制作的工作质量，以及热点空间转换的整体布局。

（2）因为项目中要加入电子沙盘和小雷达指示，所以项目的平面布局图也要准备好。由于小红梅是两层带院落和露台的结构，因此两层的平面布局图都要备齐。又考虑到两层结构并不一样，因此一层和二层的平面布局图，要分开制作成两个 PNG 格式的图片。

（3）小红梅一层展厅入口处有电线杆等杂物，入口门厅空间狭窄，无法用单反相机加鱼眼镜头实拍全景图片，经过讨论和评估，将采用三维建模的方式生成全景图片。

小红梅入口外墙具有一定的设计和象征意义，整体外形像一艘红船，左下方是象征"初心动力"的五四运动浮雕。小红梅平面图如图 2-101 所示。小红梅外景如图 2-102 所示。小红梅入口浮雕如图 2-103 所示。小红梅内景如图 2-104 和图 2-105 所示。

（4）要通过三维建模得到全景图片，首先，需要测量场地大小，以便在三维建模时，数据和现场一致。其次，需要现场采集大量空间结构布局照片及铺地、墙面肌理照片，以便在三维模型空间进行数字化建模和贴图渲染工作。

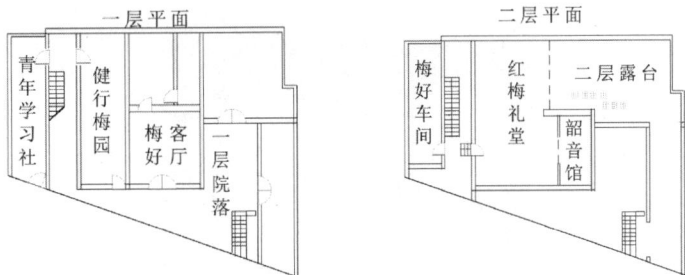

图 2-101　小红梅平面图

图 2-102　小红梅外景

图 2-103　小红梅入口浮雕

图 2-104　小红梅内景 1

图 2-105　小红梅内景 2

（5）在采集照片时，为了在三维空间中复原贴图，应力求看清空间布局及物体摆放。在拍摄贴图时，为了获得清晰的肌理，要求做到无阴影影响，拍摄不带角度的直视细节照片。小红梅墙面如图 2-106 所示。

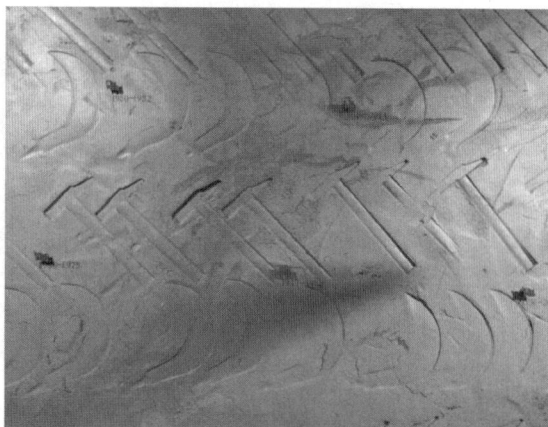

图 2-106　小红梅墙面

（6）为了添加更多交互热点，需要项目方提供文字、图片、视频等资料，这些制作方提出的需求，需要在文档中逐条书写清楚，以便项目方一一对应落实。

2．生成全景图片

1）模型创建

根据现场测量的数据及照片，在 3ds Max 中创建模型。创建模型的基本要求如下。

（1）将单位设置为厘米。注意，在 3ds Max 中，单位设置有两个模块，一个模块用于显示单位尺寸，另一个模块用于显示内核单位尺寸，只有两个模块中的单位都设置为厘米时，场景和工程文件的单位才是厘米。3ds Max 场景单位设置如图 2-107 所示。3ds Max 工程单位设置如图 2-108 所示。

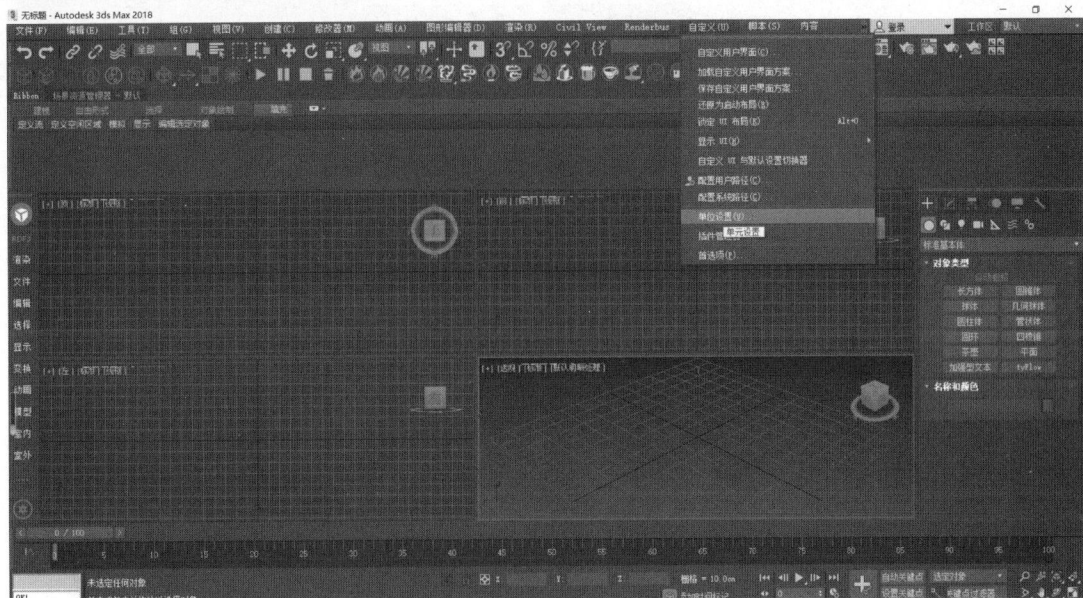

图 2-107　3ds Max 场景单位设置

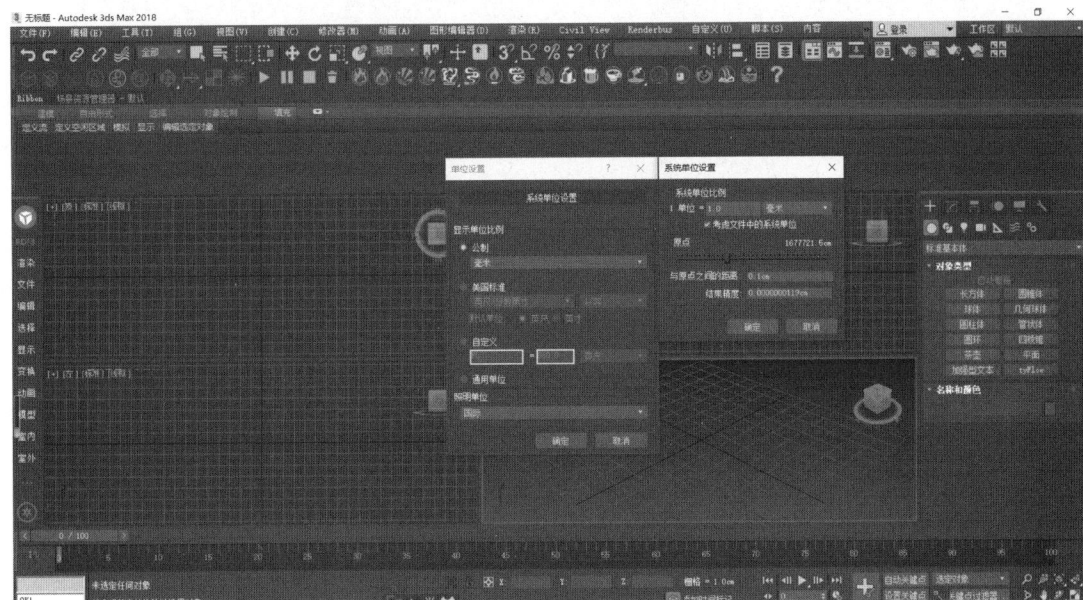

图 2-108　3ds Max 工程单位设置

（2）创建模型一般采用两种方法，分别是标准基本体和样条线。这两种方法如何选用，主要取决于需要创建模型的外形更适合哪种方法。

（3）模型创建。模型创建一般在顶视图或者左、右、前视图中完成，不能在透视图中完成。这是因为透视图本身是带有一定角度的，容易引起建模的视觉差异。

（4）在原始模型创建完成后，坐标点必须先归零，才能进行下一步模型的细化工作。3ds Max 三维几何体及二维图像创建界面如图 2-109 所示。创建物体，如图 2-110 所示。设置物体中心坐标点，如图 2-111 所示。将物体中心坐标点归零，如图 2-112 所示。

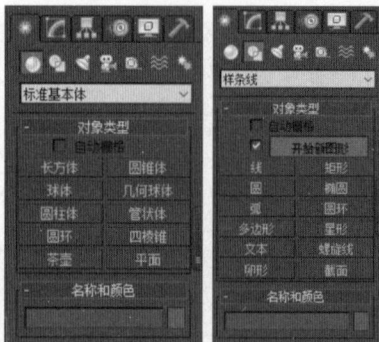

图 2-109　3ds Max 三维几何体及二维图像创建界面

图 2-110　创建物体

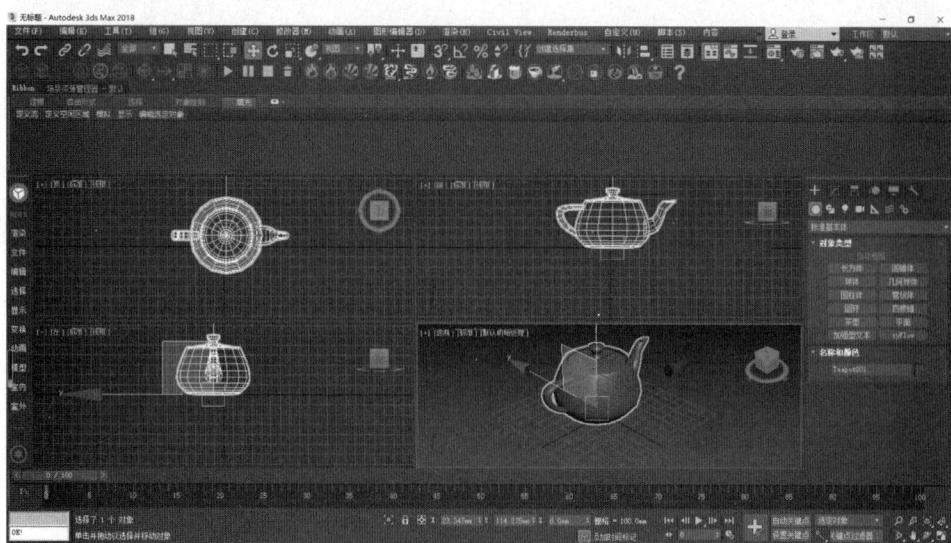

图 2-111　设置物体中心坐标点

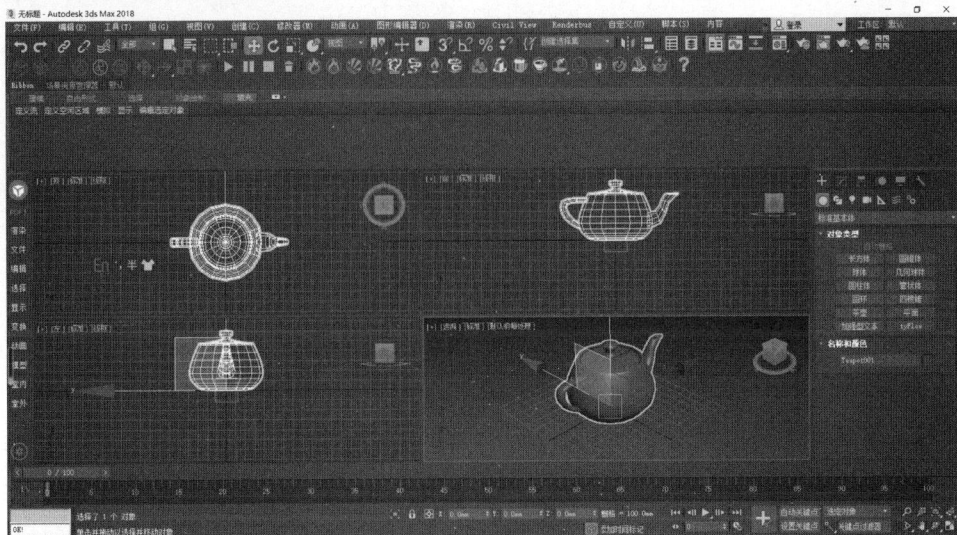

图 2-112　将物体中心坐标点归零

（5）无论是使用标准基本体还是使用样条线创建模型，在进行模型细化时，都要将模型转换成可编辑多边形，以便进行下一步的创建工作，如图 2-113 所示。

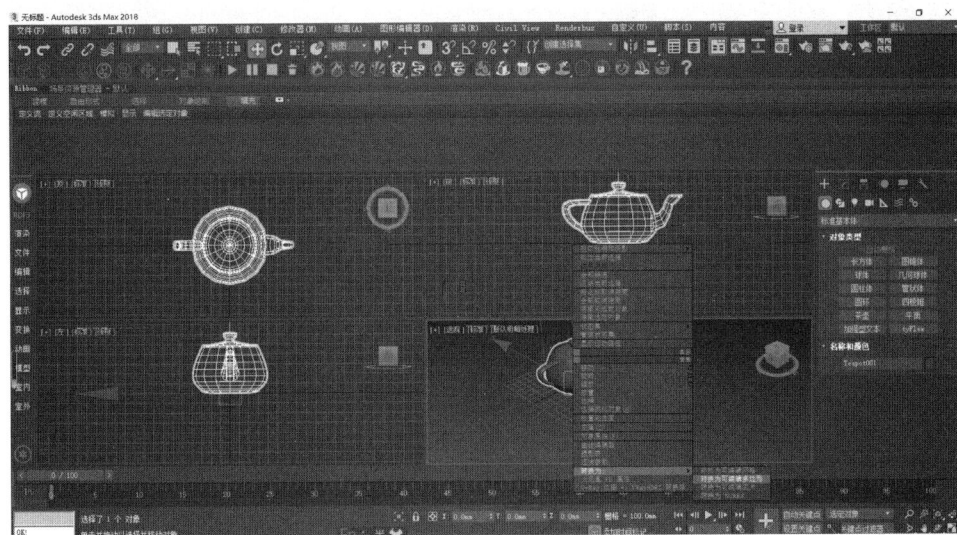

图 2-113　将模型转换成可编辑多边形

（6）根据现场测量数据和对比照片，搭建场景框架，如图 2-114 所示。

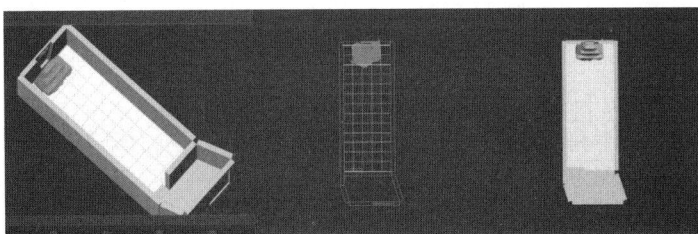

图 2-114　搭建场景框架

（7）下面制作场景中的配饰，如墙面上的亚克力板、徽章，以及地面上的小雕塑、长征路线等，如图 2-115 所示。

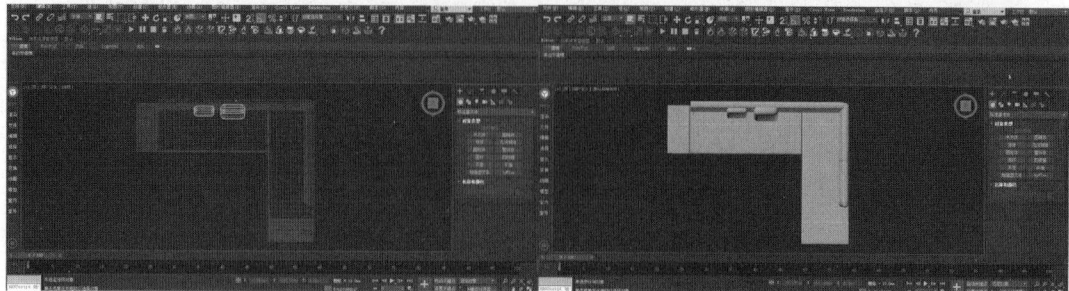

图 2-115　制作配饰

2）贴图制作

在场景模型全部制作完成后，下面进行贴图制作。为了保证材质颜色和肌理与现场一致，贴图采用现场照片，在 Photoshop 中进行照片的裁切、截取，删除高光、阴影，将图片制作成无缝贴图等处理工作。贴图的大小和尺寸没有上限，对下限的要求则是必须保证颜色、肌理清晰，不能出现拉升和变形的情况。贴图处理如图 2-116 所示。

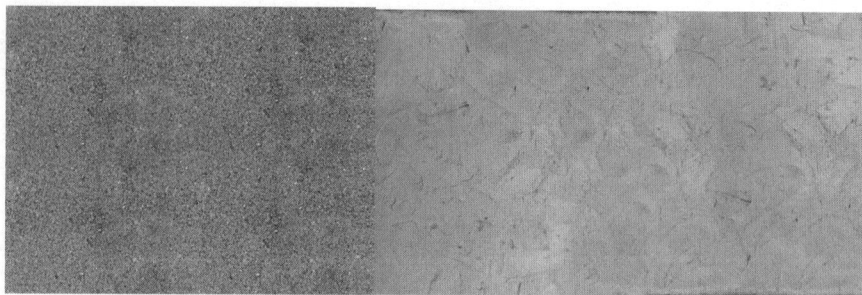

图 2-116　贴图处理

当使用实拍素材来制作贴图时，应尽量避免使用自带光效的图片。如果找到一个虽然非常合适的素材图片但是其局部有灯效，那么常规的修复方法有两种。一种是使用笔刷工具或仿制图章工具把不需要的地方补上；另一种则是把素材图片转换成 Lab 模式，调整亮度通道。

3）灯光测试

（1）在图片处理软件中处理好贴图，返回 3ds Max 中，为了确保贴图纹理的正确性，可以采用 UVW 贴图和 UVW 展开两种展 UV 的形式来制作贴图。只要模型上有贴图的地方，就必须要展 UV。若是纯材质，则不用。

（2）灯光采用 VR 片光模式，打灯光应遵循先打环境光，再打补光的原则。为了确保灯光效果，一般把默认的灯光细分值 8 改成 12。

（3）在贴图和灯光测试都没有问题后，就可以进行下一步的渲染工作了。

（4）场景中如为透明亚克力材质、镜面反射材质、金属材质，则应在 VR 渲染器中进行材质调节。灯光设置如图 2-117 所示。

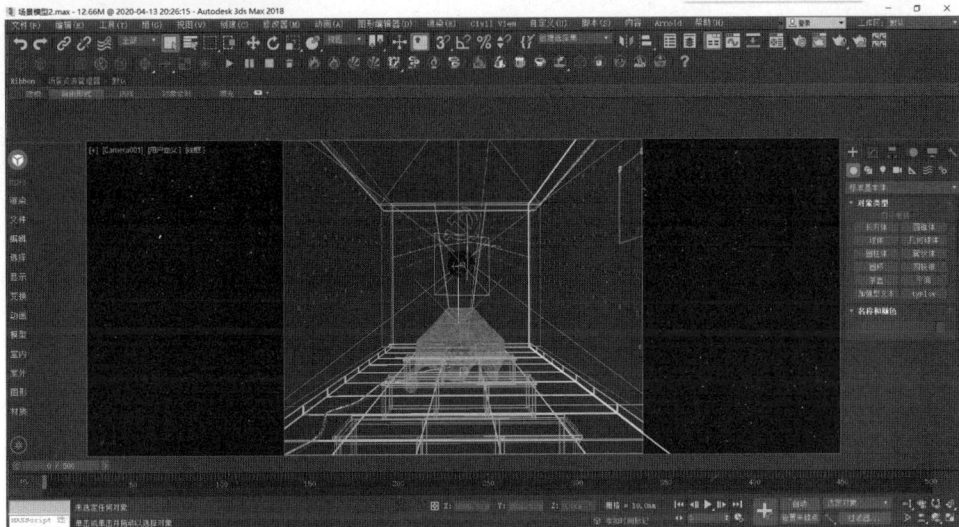

图 2-117　灯光设置

4）全景图片出图

（1）前期的检查工作。

进入自己准备的场景，确定自己准备的场景中的模型、贴图、灯光等没有错误，并且在常规的相机及 VR 渲染器中已进行渲染等常规测试。在进入场景后，应将过滤器设置为相机，并将场景中原有的相机全部删除，这是为了减轻场景的冗繁，避免因混淆而造成不必要的麻烦。

（2）渲染比例的设置。

按快捷键 F10 进行渲染设置，将公用参数中的输出大小更改为 2∶1。注意，这里必须为 2∶1，至于像素，当然是像素越高质量越好，不过也要看个人需求。例如，宽度为 3000 px，高度为 1500 px。输出图像大小影响着控制成图的质量，像素应控制在 3000 px 及以上。设置渲染比例，如图 2-118 所示。

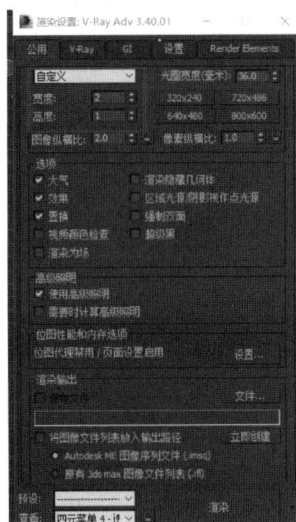

图 2-118　设置渲染比例

（3）球形相机的创建。

在场景中创建一个相机，调整好需要的焦距参数与相机位置，一般室内高度为900～1100 cm，具体应结合场景层高与个人需求来设定。

将场景切换为顶视窗与相机视窗，在顶视窗中移动相机位置，尽量将相机移动到需要看到的360°场景的中央，并移动相机目标点，对其进行360°移动，观看场景。

在"V-Ray"选项卡中的"摄影机"选项组中，选择"类型"为"球形"，勾选"覆盖视野"前面的复选框，并将"覆盖视野"调整为"360.0"。这里已安装 V-Ray 渲染器，如果没有安装，那么需要先安装。渲染参数设置如图 2-119 所示。

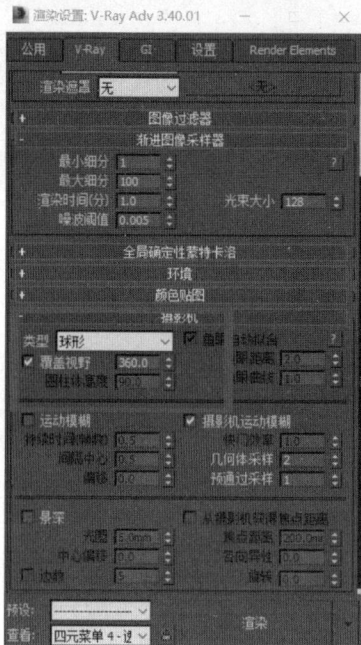

图 2-119　渲染参数设置

（4）渲染出图的效果。

至此，可以渲染出图了。小红梅室外全景图片如图 2-120 所示。小红梅室内全景图片如图 2-121～图 2-123 所示。

图 2-120　小红梅室外全景图片

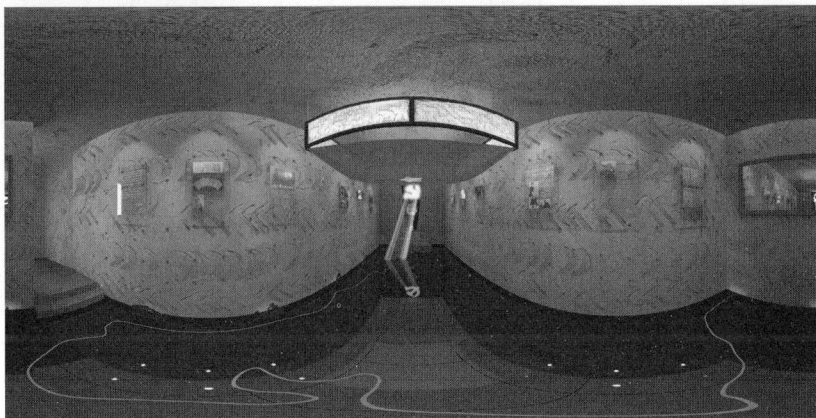

图 2-121　小红梅室内全景图片 1

图 2-122　小红梅室内全景图片 2

图 2-123　小红梅室内全景图片 3

（5）出图后的检查工作。

因为渲染完成的全景图片使用常规看图软件打开，可以看到依然是变形的，且没有办法进行拖拽观察，所以出图后的检查工作一般在 DevalVR 中进行。

3. 交互内容流程设定

本项目旨在通过 VR 技术呈现红色主题展厅,将位于南京市梅园新村的小红梅中的建筑、环境与室内空间一比一还原,以丰富其使用场景类型,拓宽其传播路径。由于在本项目中,将前期制成的全景图片,根据现实中的空间布局串联起来,并不涉及交互媒体设计中常见的复杂"与""或"条件关系,因此交互流程设定这一环节的重点在于弄清各场景的相互关系。本项目可以使用 Creator 制作,在常规设定中,场景 A 与场景 B 以双向线连接,以实现两个场景的自由切换,对应现实中的环游效果。其中,部分过道类型场景或可以连接其他多个场景,此时只需注意相应的数量及相互关系予以处理即可。此处的关键点为二层连接处场景,该场景为整个建筑中的交通枢纽,分别与另 4 个场景连接,在制作时需要梳理清楚相互关系。此外,由于该场景为展览展示空间,因此可以在展厅处加入热点,引入相关的图片或视频,拓展场景的内容。小红梅全景互动流程如图 2-124 所示。

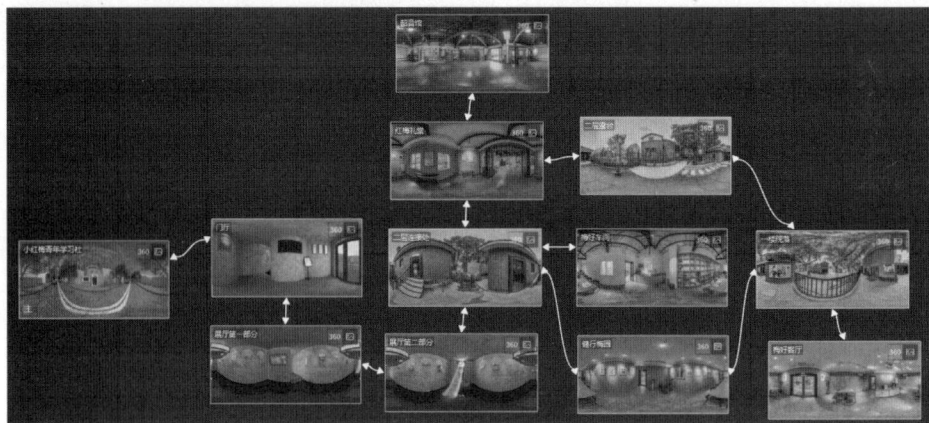

图 2-124 小红梅全景互动流程

4. 交互内容制作

根据之前的交互内容流程设定,将制作好的全景图片导入 Creator,在按照现实空间布局对应设计之后,即可在流程图界面中看到各个场景之间的连接与跳转关系。

下面逐步介绍制作流程。

(1)选择菜单栏中的"文件"→"新建项目"命令,在弹出的"新建项目"对话框中,输入项目名称"小红梅信仰生活空间",设置"主端"为"电脑端",如图 2-125 所示。

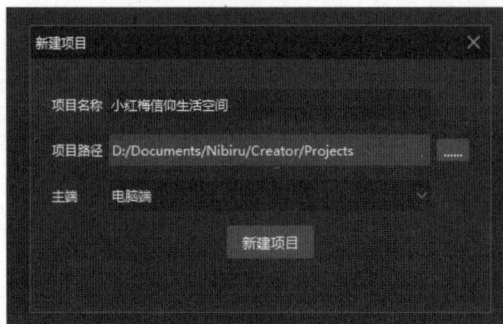

图 2-125 新建项目

（2）单击"添加场景"按钮，如图 2-126 所示。

（3）这时可以将全景图片依次导入项目，如图 2-127 和图 2-128 所示。

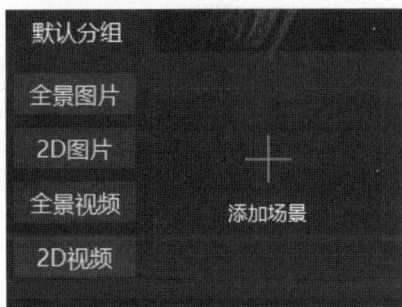

图 2-126　添加场景

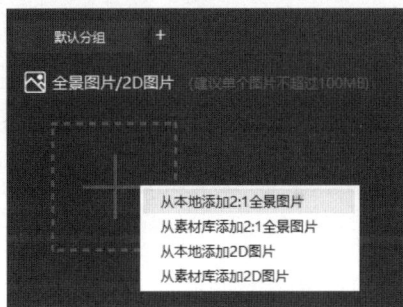

图 2-127　导入全景图片 1

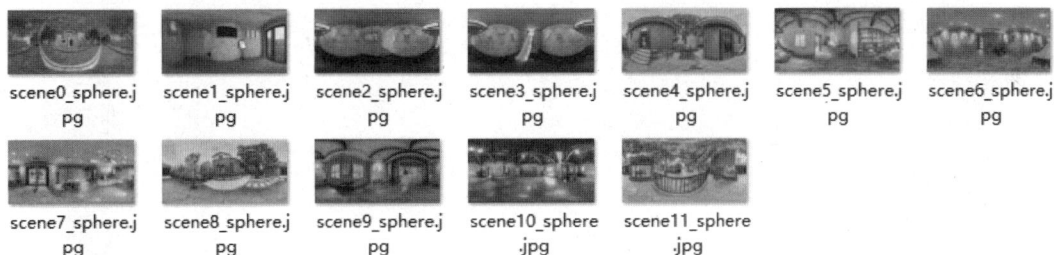

scene0_sphere.j
pg

scene1_sphere.j
pg

scene2_sphere.j
pg

scene3_sphere.j
pg

scene4_sphere.j
pg

scene5_sphere.j
pg

scene6_sphere.j
pg

scene7_sphere.j
pg

scene8_sphere.j
pg

scene9_sphere.j
pg

scene10_sphere
.jpg

scene11_sphere
.jpg

图 2-128　导入全景图片 2

（4）导入后，将素材区的图片拖动到如图 2-129 所示的位置。

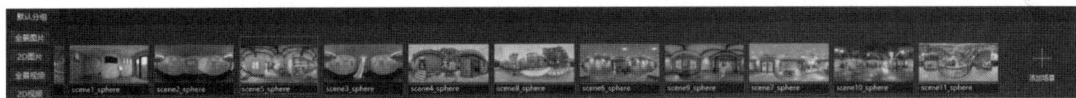

图 2-129　拖动图片到合适的位置

（5）单击左侧的第一个图片，当光标移动到图片边缘处时，出现橘色小长方形，按住鼠标左键不放，并从任意一个小长方形上拉出一条线，与右侧的一个图片边缘进行连接。当连接上以后，第二个图片边缘处也会出现橘色小长方形，如图 2-130 和图 2-131 所示。

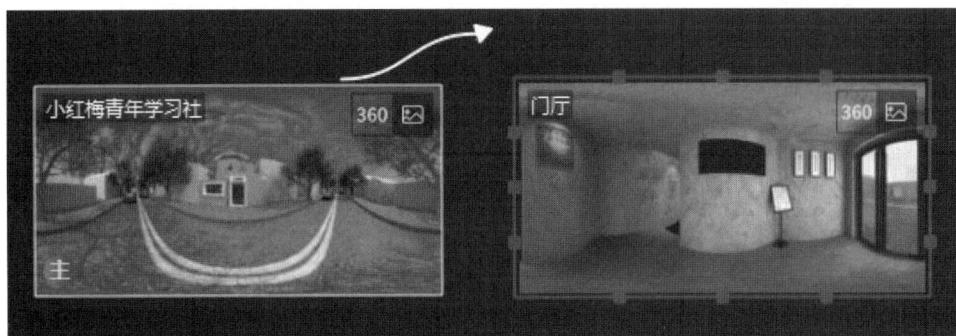

图 2-130　使用连接线连接主入口与门厅场景

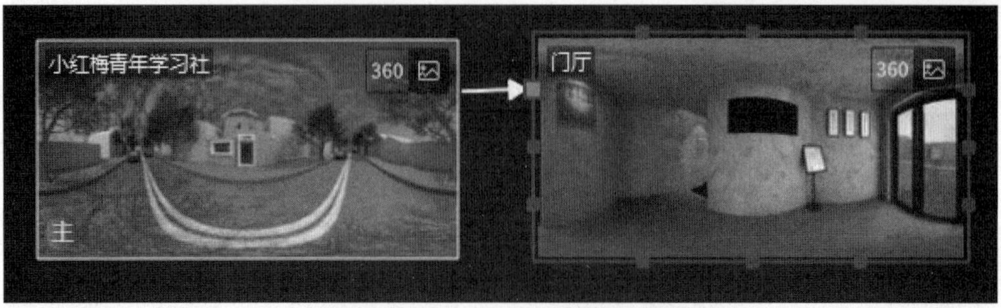

图 2-131　完成主入口与门厅场景的连接

（6）完成全景图片的连接，如图 2-132 所示。

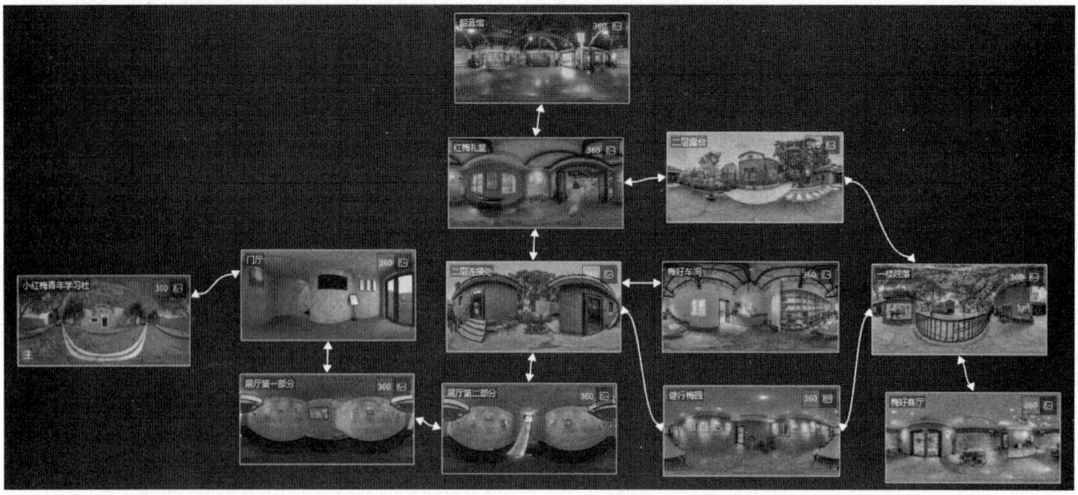

图 2-132　完成全景图片的连接

（7）进入单个场景，将连接两个场景的热点重新命名，选择合适的图标，将其移动到相应的位置。预览效果如图 2-133 所示。

图 2-133　预览效果

（8）在展厅场景中添加热点，选择图片，如图 2-134 所示。

图 2-134 选择图片

（9）先单击"请添加图片"图标，再在选取区域单击，选择本地图片，如图 2-135 和图 2-136 所示。

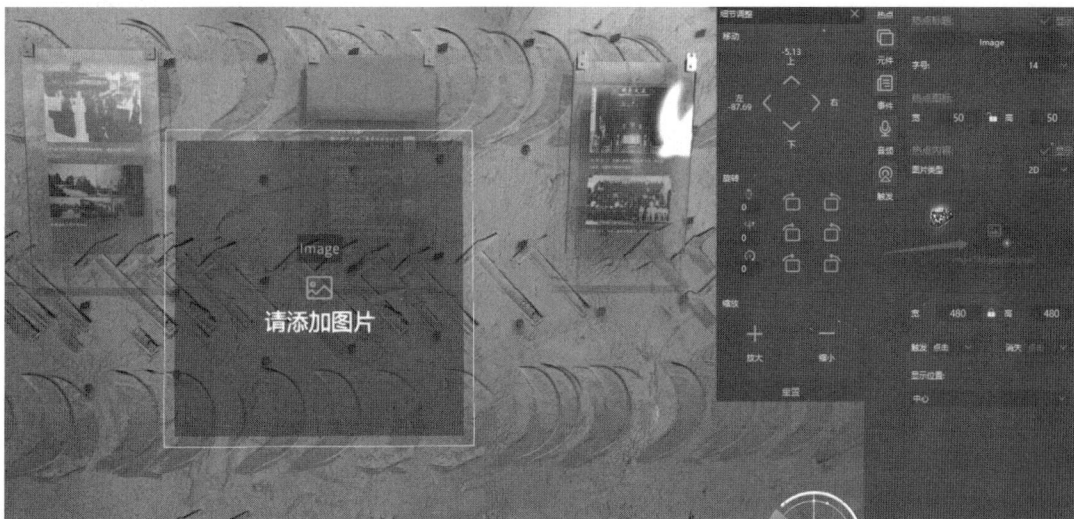

图 2-135 单击"请添加图片"图标

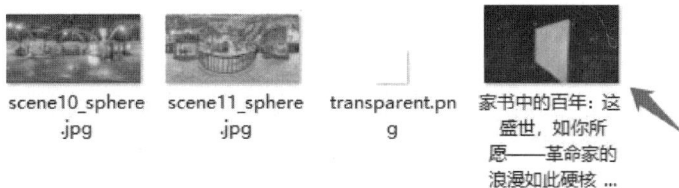

scene10_sphere
.jpg

scene11_sphere
.jpg

transparent.pn
g

家书中的百年：这
盛世，如你所
愿——革命家的
浪漫如此硬核_...

图 2-136 选择本地图片

（10）添加完成后的预览效果如图 2-137 所示。

图 2-137　添加完成后的预览效果

（11）在场景中添加热点，选择视频，如图 2-138 所示。

图 2-138　选择视频

（12）先单击"请添加视频"图标，再在选取区域单击，选择本地视频，如图 2-139 和图 2-140 所示。

图 2-139　添加视频

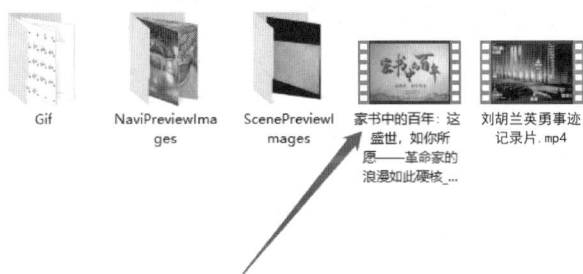

图 2-140　选择视频

（13）添加完成后的预览效果如图 2-141 所示。

图 2-141　添加完成后的预览效果

（14）预览场景，查看该视频在场景中的交互效果，如图 2-142 所示。

图 2-142　查看交互效果

（15）至此，制作完成。返回主场景，单击"预览"按钮 回 进行预览。

练习题 10

姓　名		班　级	

1. 在 3ds Max 中渲染全景图片，输出图片的比例是多少？为什么？

2. 在三维场景中，渲染出全景图片的相机为哪种类型？在什么地方进行设置？

3. 在现场测量时，如果没有测量工具，制作人员如何借助现场环境进行空间的长度、宽度、高度的测量？

项目 3

学习工作流技术标准

任务 3.1　理解三维虚拟工作流技术标准

学习目标	知道	3ds Max & Maya 建模技术标准、三维全景图片制作技术标准、Photoshop 贴图技术标准、Unity 渲染全景视频和 UE4 全景图片技术标准、Creator 三维虚拟内容制作流程及软硬件清单
建议学时	2 学时	

3.1.1　3ds Max & Maya 建模技术标准

本书中的建模准则指使用软件来创建三维对象所涉及的技术标准。三维模型可以用于影视、游戏、建筑、施工、产品开发、科学和医疗等众多行业，具体包括可视化、仿真和渲染图形设计。

三维建模软件基本上分为两大类，分别是用于游戏、影视和 VFX 内容的三维建模软件（3ds Max、Maya 等）；用于工业和产品设计的三维建模软件（AutoCAD、Rhino 等）。通常和引擎及交互软件配合使用的三维软件为 3ds Max 或 Maya。

由于 3ds Max 和 Maya 基本建模要求及导出规则与交互引擎的格式基本相同，因此本书中的建模准则以 3ds Max 为例进行介绍。

1．建模准则

- 简模。
- 模型的三角网格面尽量为等边三角形，不要出现长条形。
- 在表现细长条形的物体时，尽量不用模型而用贴图的方式。
- 重新创建简模比改良精模的效率更高。
- 模型的数量不要太多。
- 合理分布模型的密度。

- 相同材质的模型应尽量合并，而面数过多且相隔很远的模型不要进行合并。
- 保持模型面与面之间的距离。
- 删除看不见的面。
- 用面片表现复杂造型。

其具体要求如下。

1）简模

由于 VR 游戏中的运行画面的每一帧都是靠显卡和 CPU 实时计算出来的，因此采用简模，也就是使用面数较少的模型。如果模型面数太多，那么会导致运行速度急剧降低，甚至无法运行。此外，模型面数过多，还会导致文件容量增大，并且也会使得下载时间增加。

2）模型的三角网格面尽量为等边三角形，不要出现长条形

在调用模型或创建模型时，应尽量保证模型的三角网格面为等边三角形，不要出现长条形。这是因为长条形的面不利于实时渲染，会出现锯齿、纹理模糊等现象。

3）在表现细长条形的物体时，尽量不用模型而用贴图的方式

不建议将细长条形的物体制作成模型，如窗框、栏杆、栅栏等。这是因为这些细长条形的物体只会增加当前场景文件的模型数量，并且在实时渲染时还会出现锯齿与闪烁现象。通常推荐利用贴图的方式来表现细长条形的物体，其效果非常细腻，真实感也很强。

4）重新创建简模比改良精模的效率更高

在实际工作中，重新创建一个简模一般比在一个精模的基础上修改的效率更高，在此推荐新建模型。例如，从模型库中调用的一个沙发模型，其扶手模型的面数为 1310 面，而重新建立一个相同尺寸的模型的面数则为 204 面。其制作方法相当简单，制作速度也很快。

5）模型的数量不要太多

如果 VR 场景中的模型数量太多，那么会给后面的操作带来很多麻烦，也会增加烘焙模型的数量和时间，降低运行速度等。因此，推荐一个完整场景中的模型数量控制在 2000 个以内（根据个人机器配置）。

6）合理分布模型的密度

由于模型的密度分布得不合理会影响计算机的运行速度，因此推荐合理地分布 VR 场景中模型的密度。

7）相同材质的模型应尽量合并，而面数过多且相隔很远的模型不要进行合并

为了加快 VR 场景的加载时间和运行速度，应尽量合并材质类型相同的模型，以减少物体个数。如果模型的面数过多且相隔很远，那么就不要将模型进行合并，否则会影响 VR 场景的运行速度。在合并相同材质的模型时需要把握一个原则，那就是合并后的模型面数不可以超过 10 万个面，否则，运行速度会很慢。

8）保持模型面与面之间的距离

在 VR 场景中，所有模型面与面之间的距离都不能太近，推荐最小间距为当前场景最大尺度的 1/2000。例如，在制作室内场景时，模型面与面之间的距离不要小于 2 mm；在制作

室外场景时，模型面与面之间的距离不要小于 20 cm。如果模型面与面之间贴得太近，那么在运行该 VR 场景时，会出现两个面交替出现的闪烁现象。

9）删除看不见的面

VR 场景类似于动画场景，看不见的地方不用建模。对于看不见的面，如家具的地面、两个物体的交接面等可以删除。这样做的主要目的是提高贴图的利用率和交互场景的运行速度。

10）用面片表现复杂造型

为了得到更好的效果与更高效的运行速度，在 VR 场景中可以用平面替代复杂的模型，通过贴图来表现复杂的结构，如植物、装饰物及模型上的浮雕效果等。

2. 模型的优化

如何精简场景是建模的关键。在掌握了建模准则以后，技术人员需要了解模型的优化技巧，这样无论是面对自己创建的模型，还是面对别人创建的模型，都能判断该模型是否可以用于 VR 项目中。如果该模型不可以用于 VR 项目中，那么如何对其进行优化呢？下面介绍几种具有代表性的模型优化方法。

1）面的精简

在使用面工具创建模型时，可以在不影响模型基本外观的情况下将其截面上的段数调整到最少，以达到优化模型的目的。

默认创建的面的段数是 4×4，总面数是 32。在不对其表面进行其他设置的情况下，这些段数是没有存在意义的，将鼠标放在"分段数"按钮上右击，可以快速地将当前模型的段数调整到最少，最终得到的模型的总面数是 2，其效果并不会因此而受到太大的影响。

2）圆柱的精简

在使用圆柱工具创建模型时，如果不对其表面进行异型或浮雕效果处理，那么一样可以将其截面上的段数调整到最少，以达到优化模型的目的。

默认创建的圆柱的段数是 5×1×18，总面数是 216。在不对其表面进行其他设置的情况下，这些段数是没有存在意义的，这时可以对模型的 Height Segments（高度段数）和 Sides（截面）进行精简，修改后的段数为 1×1×12，模型的总面数是 48，其效果并不会因此而受到太大的影响。

3）曲线形模型的精简

对于弯曲复杂造型，通常需要使用放样工具来实现。这时模型的优化就需要从放样的路径及截面着手，在保证视觉效果不受太大影响的情况下，应适度减少放样模型的 Shape Steps（形状步幅）和 Path Steps（路径步幅），以达到精简放样模型总面数的目的。

4）地面的创建及精简

在创建地面时，很多人喜欢用线段工具绘制封闭的区域，直接添加 Extrude（挤出）编辑器，设置数量为"0.0 mm"，得到一个地面。由于这个地面除了上面，其他的几个面都是多余的，因此此方法不适合 VR 场景模型的创建。

下面介绍几种创建及精简地面的方法。

（1）使用线段工具绘制一个封闭的区域，并对线段的边缘和步幅进行设置，如图3-1所示。

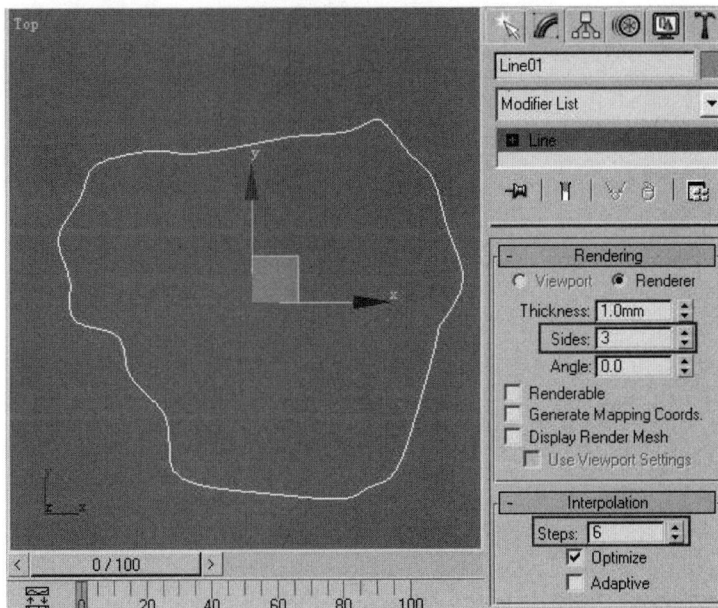

图3-1 绘制封闭区域并设置边缘和步幅

直接添加 Extrude（挤出）编辑器，设置数量为"0.0 mm"，模型面数为"392"。通过挤压生成模型，如图3-2所示。

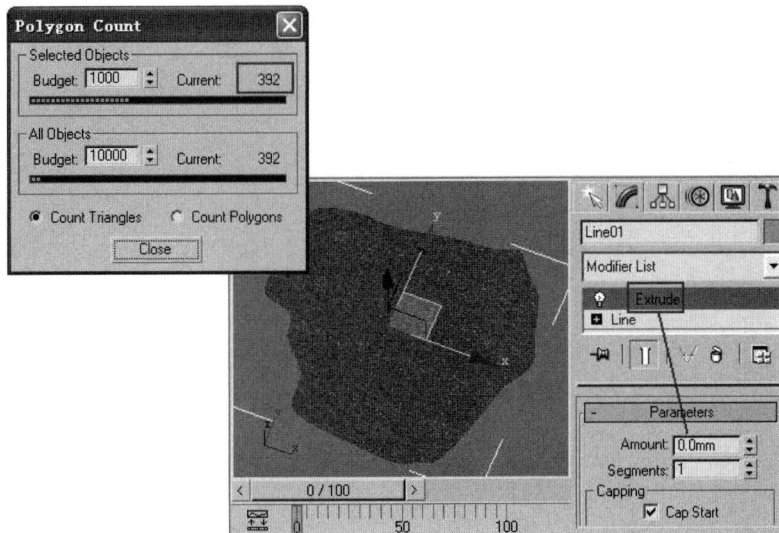

图3-2 通过挤压生成模型

（2）先使用线段工具绘制一个封闭的区域，并对线段的边缘和步幅进行设置，然后直接将线段转换成可编辑多边形或面片，得到的地面模型面数为"97"。通过编辑多边形生成模型，如图3-3所示。

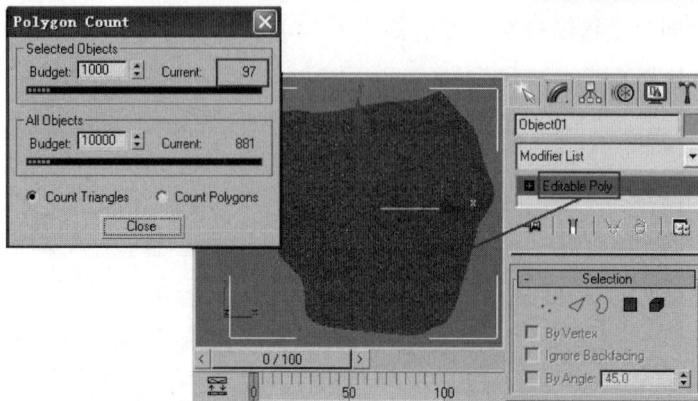

图 3-3　通过编辑多边形生成模型

（3）先使用线段工具绘制一个封闭的区域，并对线段的边缘和步幅进行设置，然后直接给封闭的二维曲线添加 UVW Mapping 编辑器，得到的地面模型面数为"97"。通过样条线和 UVW Mapping 编辑器生成模型，如图 3-4 所示。

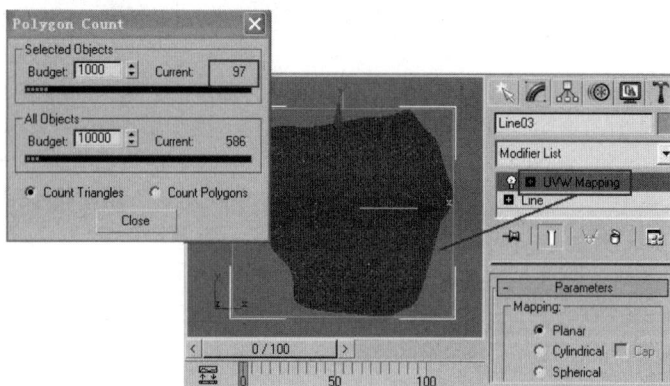

图 3-4　通过样条线和 UVW Mapping 编辑器生成模型

以上创建及精简地面的方法，用户可以根据自己的需要进行选择。

5）物体的创建

创建物体的方法有多种。第一种方法是直接使用面工具创建，设置模型面数为 2；第二种方法是使用矩形工具创建，并添加 Extrude（挤出）编辑器，设置数量为"0.00 mm"、模型面数为"12"；第三种方法是使用矩形工具创建，并直接将其转换为编辑面片，设置模型面数为"2"；第四种方法是使用矩形工具创建，并添加 UVW Mapping 编辑器，设置模型面数为"2"。

同时为使用以上 4 种方法创建的物体赋予一个材质，并将使用以上 4 种方法创建的物体同时导入 VR 编辑器，这时可以发现使用第二种方法创建的物体的面数是最多的。

6）花草树木的表现方法

在制作室外 VR 场景时，难免会遇到大量的绿化问题。如果每棵树和每朵花都用模型来表现，那么最终的 VR 场景中的模型面数将居高不下，导致编辑及运行困难。解决以上问题

的方法是使用十字面片物体贴镂空贴图，如图 3-5 所示。

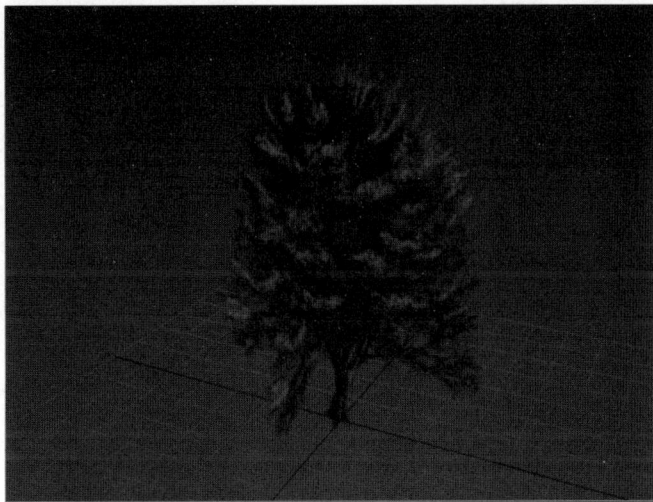

图 3-5　使用十字面片物体贴镂空贴图

以上是几种比较有代表性的优化技巧。技术人员在实际项目的制作中只要坚持使用 3ds Max 的建模准则和模型优化技巧，就可以创建出优化的 VR 模型。

3.1.2　三维全景图片制作技术标准

在制作三维全景图片时，除了可以使用单反相机加鱼眼镜头或者全景一体机，还可以使用三维软件配合渲染器。当然，这需要技术人员有一定的三维建模、贴图和渲染等能力。

下面以 3ds Max 及 VR 渲染器为例，介绍三维全景图片制作技术标准。

1．前期的检查工作

进入一个三维场景，确定场景中的模型、贴图、灯光等没有错误，并且在常规的相机及 VR 渲染器中已进行过渲染测试等常规测试。在进入场景后，应将过滤器设置为相机，并将场景中原有的相机全部删除，这是为了减轻场景的冗繁，避免因混淆而造成不必要的麻烦。

2．渲染比例的设置

按快捷键 F10 进行渲染设置，将公用参数中的输出大小更改为 2∶1。注意，这里必须为 2∶1，像素按照项目要求设置。例如，宽度为 3000 px，高度为 1500 px。输出图像大小影响着控制成图的质量，像素应控制在 3000 px 及以上。设置渲染比例，如图 3-6 所示。

3．球形相机的创建

在场景中创建一个相机，调整好需要的焦距参数与相机位置，一般室内相机高度为 900～1100 cm。

将场景切换为顶视窗与相机视窗，在顶视窗中移动相机位置，尽量将相机移动到需要看到的 360°场景的中央，并移动相机目标点，对其进行 360°移动，观看场景。

在"V-Ray"选项卡中的"摄影机"选项组中，选择"类型"为"球形"，勾选"覆盖视野"前面的复选框，并将"覆盖视野"调整为"360.0"，如图 3-7 所示。

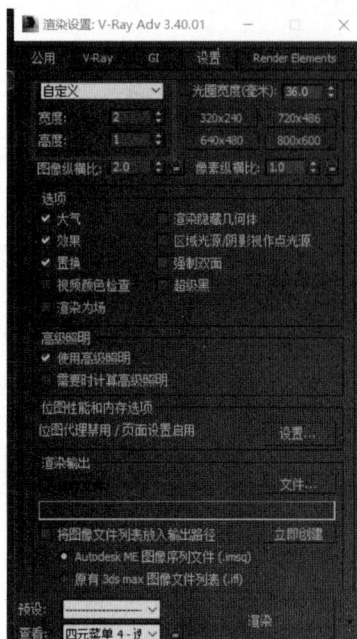

图 3-6　设置渲染比例　　　　　　　图 3-7　渲染参数设置

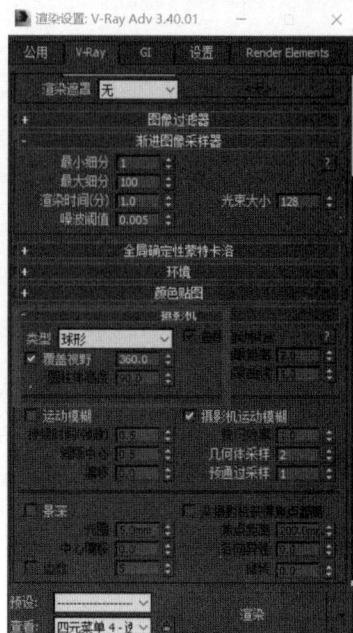

4．渲染出图的效果

单击"渲染"按钮，完成渲染操作。渲染后的全景图片如图 3-8 所示。

图 3-8　渲染后的全景图片

5．出图后的检查工作

渲染完成的全景图片一般放在 DevalVR 或 Creator 中进行检查。

3.1.3　Photoshop 贴图技术标准

Photoshop 对于三维工作的环节来说，主要作用是处理各种贴图，如 UV 贴图、灯光贴图、法线贴图、黑白通道贴图等。在三维动画、三维静帧等多种表现手段上，其均可以起到一定的作用。常规纹理贴图注意事项如下。

（1）所有纹理数据均存储为 JPG、PNG 格式。

（2）烘焙前，纹理尺寸应控制在 512 px×512 px 以内。纹理的长度、宽度均是 2 的 n 次幂像素，纹理尺寸一般大于或等于 32 px×32 px。如果纹理的长度、宽度不是 2 的 n 次幂像素，则应将其设置成最接近 2 的 n 次幂像素大小的值。

（3）为了减少数据量，能够制作 UV 平铺的纹理，一般使用纹理尺寸较小的图片在 3ds Max 中平铺，不建议直接在 Photoshop 中将纹理复制后制作成大尺寸的纹理。

（4）烘焙后，应尽量优化纹理尺寸。建筑物烘焙后，纹理尺寸应控制在 512 px×512 px 以内。场景烘焙后，纹理尺寸应控制在 1024 px×1024 px 以内，且务必保证纹理的清晰度。保证临街（主干道以上等级道路）部分纹理清晰，尤其是商业建筑物中的标志文字。为了保证纹理的清晰度，可以将建筑物分成几部分进行烘焙。

（5）在 Photoshop 中采用"变换""自由变换""旋转"等功能完成各类纹理的调整，使得调整后的纹理具有正视的效果。为了提高模型贴图的对比度和清晰度，可以对纹理进行锐化处理。

（6）同一建筑物各个面的色调应均衡，差别不能太明显，相机偏色应调整成自然色。建筑物平铺纹理后的效果（主要是建筑物层数和横向窗的数量）应和实际情况基本一致，且从视觉上看建筑物各部分（门、窗等）的比例大小应与实际保持一致。相邻的两面墙应注意窗与窗的对齐。

（7）烘焙后的纹理应清晰，尤其是底层玻璃或门的纹理，应删除树影或倒影。

（8）污浊的墙面应处理干净，不用纯色，上面的线、角务必保留，以增强立体感。

（9）分清建筑材质，对于难以修整的材质，可以使用公共材质替换，并注意材质大小（砖块大小等）应与实际相符。

（10）在对屋顶的各种瓦进行贴图时应注意符合生活常识。

（11）尽量采用公共材质替换贴图上的纹理，但公共材质的名称不能改变，使用原来的名称即可。

（12）所有纹理应修整成平视的效果，尤其是高楼上面突出的部分。

（13）处理玻璃纹理上反射的树、人等目标，以保证贴图后纹理干净、清晰、整洁。

（14）纹理名务必不要重复，尤其是 PNG、JPG 格式的纹理要格外注意。

（15）模型烘焙后在 Creator 中清理纹理面板。

（16）烘焙后纹理上的阴影方向必须正确。

（17）不使用纯色纹理，必须采用杂色纹理，并尽量从公共材质库中提取。

（18）在烘焙某一建筑物时要求摆放其附近建筑物，以表达建筑物相互之间的阴影关系，增强真实感。

（19）白色墙面的深灰、浅灰、灰白 3 种明度贴图应采用公共纹理库中的贴图素材，明

度最亮不能超过灰白贴图，最深不能超过深灰贴图（不允许直接使用纯白色或纯黑色纹理）。

（20）来自相机拍摄的贴图素材必须进行处理（色阶、饱和度、对比、锐化等）。大面积贴图可以视情况增加杂点，以增加纹理质感。模糊纹理或凹凸纹理需要使用锐化工具，以增强凹凸感和清晰度。

（21）在 3ds Max 中渲染透明贴图时，都有白边存在，必须在 Photoshop 中进行修减白边的操作，以防止 VR 平台中的透明贴图出现白边。

（22）若来自相机拍摄的个别纹理的像素模糊，则可以采用高像素纹理代替像素模糊的纹理。

（23）铺地 UV 在平铺后必须与实际位置、形状、尺寸一致，以避免出现扭曲或歪曲的情况。

练习题 11

姓　名		班　级	

1．请列举出在 3ds Max 中带通道的贴图格式，不少于两种。

2．贴图能不能用纯色纹理？能不能直接使用纯白色或纯黑色纹理？为什么？

3．来自相机拍摄的素材，能不能直接用于贴图？如果不能，要对其进行哪些处理？

3.1.4 Unity 渲染全景视频和 UE4 渲染全景图片技术标准

1．Unity 渲染全景视频技术标准

1）Unity Recorder 简介

Unity Recorder 是一个编辑器中的录制工具（仅能用于编辑器中），可以在运行模式下将 Unity 场景及动画、Timeline 录制成动画或视频。Unity Recorder 插件界面如图 3-9 所示。

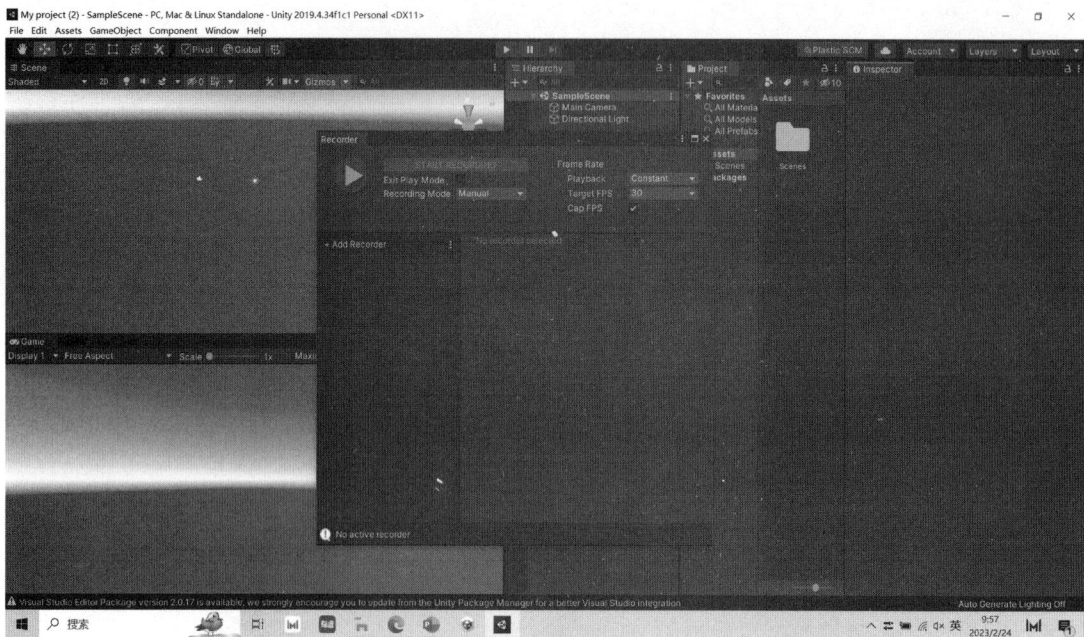

图 3-9　Unity Recorder 插件界面

相对于直接录屏，Unity Recorder 有以下几点好处。

（1）可以自定义输出分辨率，不受限于屏幕的分辨率。

（2）可以同时录制多个机位（输出多个 Camera 镜头）。

（3）支持多种类型的输出（视频、序列帧、GIF，包括 360° 全景图片和全景视频等）。

（4）视频、图片的压缩率很高。

（5）可以和 Timeline 一起使用。

2）Unity Recorder 的安装和使用

（1）安装。

Unity 2018.3 及以后版本可以在 Package Manager 中安装，之前的版本可以在 Asset Store 中搜索 Unity Recorder 下载安装。

（2）使用流程。

① 选择菜单栏中的"Window"→"General"→"Recorder"→"Recorder Window"命令，打开录制界面，如图 3-10 和图 3-11 所示。

② 增加录制类型，添加 Unity Recorder，如图 3-12 所示。

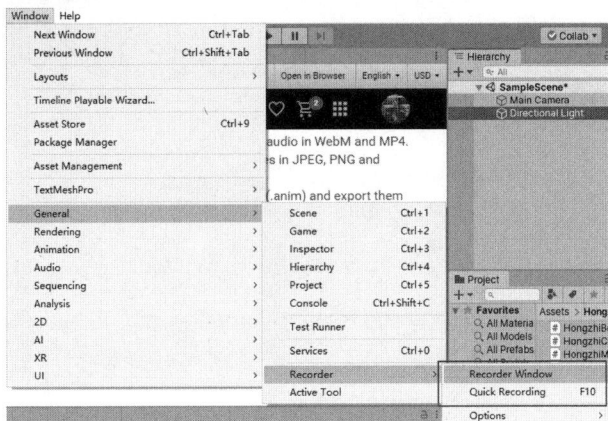

图 3-10 选择"Recorder Window"命令

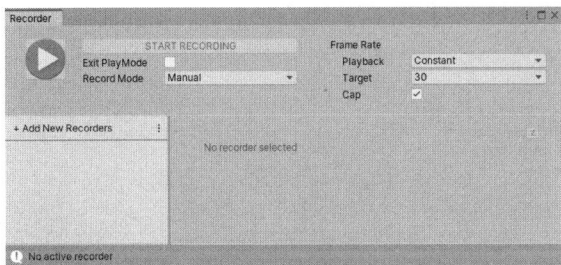

图 3-11 录制界面

图 3-12 添加 Unity Recorder

③ 在配置好 Unity Recorder 之后，单击"录制"按钮开始录制。注意，配置多个 Unity Recorder 可以同时输出多种格式。

（3）录制。

Unity Recorder 的常用功能是录制视频，特别是录制异形分辨率的视频。

① 添加 Movie Recorder。

② 录制异形分辨率视频，如图 3-13 所示。

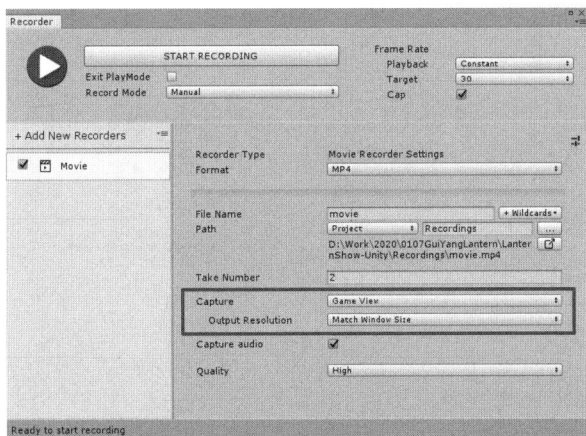

图 3-13 录制异形分辨率视频

"Capture"选项用于设置从哪里获取图像。"Capture"选项设置界面如图3-14所示。

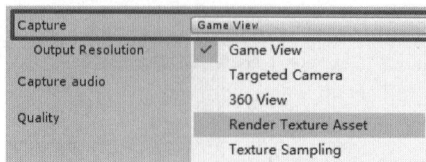

图3-14　"Capture"选项设置界面

其中，比较常用的视图为Game视图。当选择"Capture"为"Game View"时，在"Output Resolution"选项组中可以选择多种分辨率。对于异形分辨率来说，常用的分辨率是 Match Window Size或者Custom。需要注意的是，"Match Window Size"选项会使用Game视图设置固定分辨率，而不一定是当前显示的分辨率。调整分辨率界面如图3-15所示。

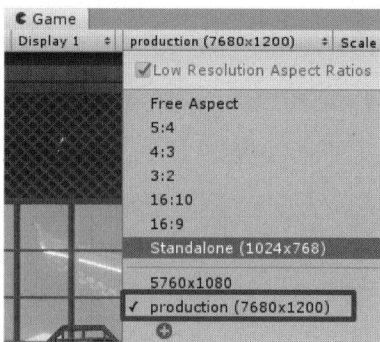

图3-15　调整分辨率界面

设置"Type"为"Fixed Resolution"，这样输出的视频分辨率就会和平时使用的分辨率一致了。选择固定分辨率界面如图3-16所示。

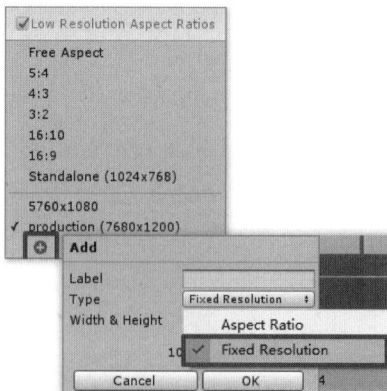

图3-16　选择固定分辨率界面

（4）截屏的方法。

要截取一张分辨率较大的图片，可以使用 Unity Recorder 中的"Image Sequence"选项，使用此选项可以录制出序列帧图片。要录制并输出透明背景的图片或视频，就需要按照如图3-17所示设置。

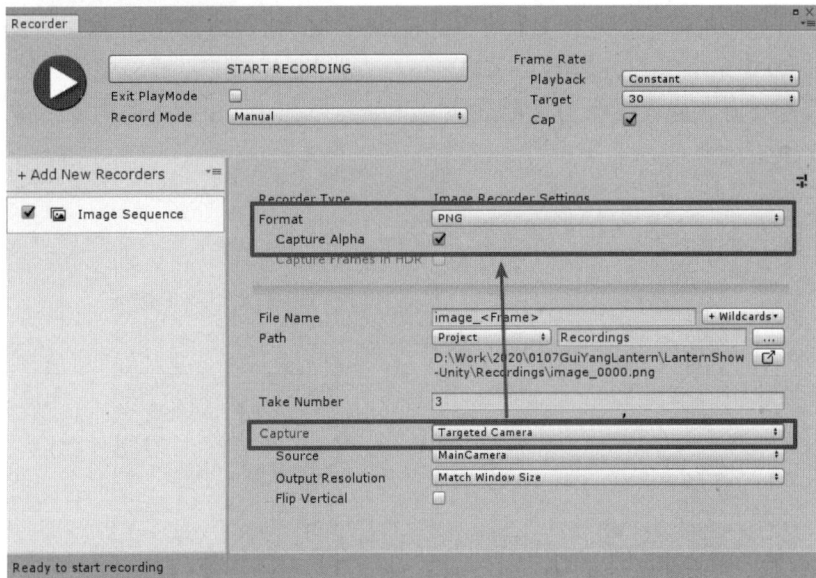

图 3-17　录制并输出透明背景的图片或视频的设置

　　设置"Capture"选项，如在选择"Capture"为"Targeted Camera"时，Camera 的背景部分（天空盒或者 Solid Color）就会是透明的。将图片格式设置为"PNG"，勾选"Capture Alpha"复选框，这样输出的 Camera 的背景部分就会是透明的。

　　（5）录制全景图片或者全景视频的方法。

　　在录制全景图片或者全景视频时，需要将"Capture"设置为"360 View"，如图 3-18 所示。

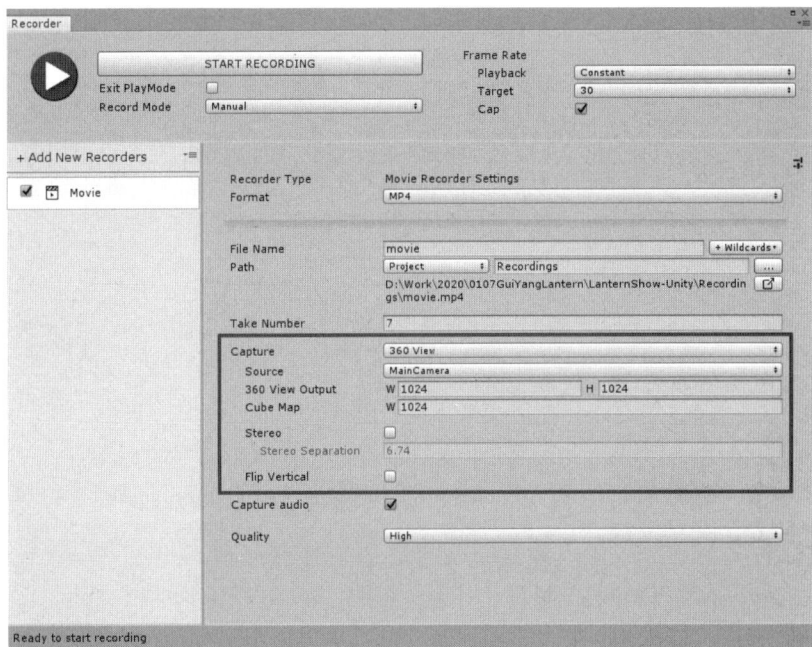

图 3-18　录制全景图片或者全景视频的设置

在录制全景视频时，会根据设置的"Source"选项的相机位置进行 360°的录制。"Cube Map"选项用于设置录制时的分辨率。"360 View Output"选项用于设置输出的分辨率。"Stereo"选项用于设置是否录制成左右眼模式的视频。"Stereo Separation"选项用于设置左视图和右视图在相机 Y 轴上的角度。

（6）与 Timeline 一起使用的方法。

与 Timeline 一起使用的方法如图 3-19 所示。

图 3-19　与 Timeline 一起使用

在 Timeline 上添加 Recorder Track，并在 Recorder Track 上添加 RecorderClip，如图 3-20 所示。

图 3-20　添加 RecorderClip

设置 RecorderClip 的属性，要求当 Timeline 播放到此位置时，就会自动开始相关录制工作。

2. UE4 渲染全景图片技术标准

1）UE4 自带插件

UE4 自带插件不需要再次安装，界面中可见的都能输出为图片，且兼容性很好，可以输出左右眼模式的立体全景视频。

2）Simple Panoramic Exporter 插件

Simple Panoramic Exporter 插件需要重新安装，版本不互通。Simple Panoramic Exporter 插件如图 3-21 所示。

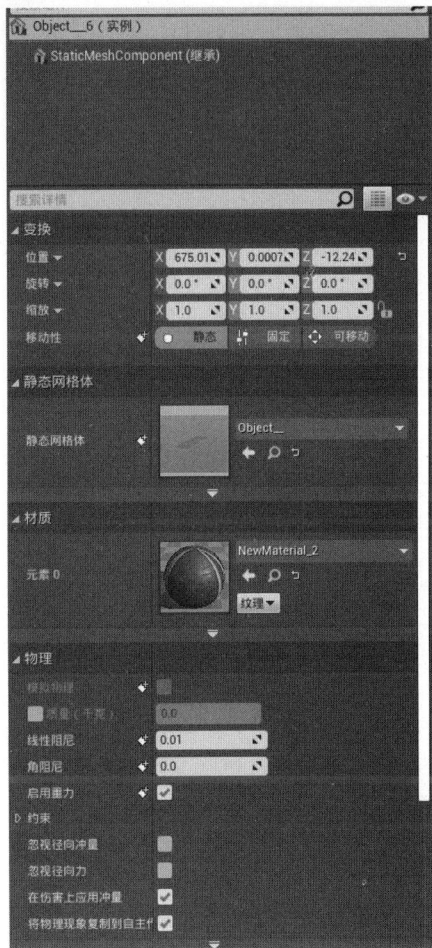

图 3-21　Simple Panoramic Exporter 插件

3）Nvidia Ansel Photography 插件

Nvidia Ansel Photography 插件能够很好地处理反射发光、曝光等画面效果，并进行可视化调节，但不能录制序列帧，需要在程序发布后才能调用截屏功能。Nvidia Ansel Photography 插件对一些特效，如雾效果不支持。

4）项目中输出全景视频或者全景图片的注意事项

（1）画面透视效果不仅和视角设计有关，而且和输出插件的计算方式有关。如果需要严谨的 360°观测，那么需要更专业的设备。使用不同的插件可能会看到不同的空间大小。

（2）要输出高质量的图片就需要使用质量比较好的显卡，有些插件依赖显卡，可以根据分辨率要求进行输出。

（3）若 UE4 自身帧率图片流 LOD 边界框之类调节不好也会影响输出质量，在输出前务必将其调节好。

不是所有效果在任意插件中都能输出或者可视效果都一样，目前还没有一个完美的插件可以满足所有特性，要根据项目来进行调节。

（4）在测试插件时尤其要关注特效截断、拼接缝、特效消失等问题。

3.1.5　Creator 三维虚拟内容制作流程及软硬件清单

Creator 是一个面向非技术人员的 VR 内容制作工具，支持全景图片及全景视频的交互编辑。它能够帮助用户通过场景串联跳转，加入相应的响应事件，进而快速完成一个 VR 演示内容的制作。

交互式全景内容的制作流程主要为创建项目、添加场景、绘制流程图、编辑场景、预览/导出，如图 3-22 所示。

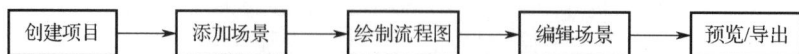

创建项目 → 添加场景 → 绘制流程图 → 编辑场景 → 预览/导出

图 3-22　制作流程

在正式开始 Creator 的创作之前，需要准备好产品清单，重要的是要构思好自己想要完成的内容，在使用密钥激活软件后就可以准备创作了。硬件清单、软件清单和素材清单如表 3-1、表 3-2 和表 3-3 所示。

表 3-1　硬件清单

序号	硬件清单	备　　注
1	PC 一台 （Windows 10）	显卡：独立显卡/集成显卡显存频率在 4600MHz 以上；计算机内存不低于 4GB
2	VR/AR 一体机一台	搭载 Nibiru 指定的操作系统
3	USB 传输线一根	用于 PC 端连接传输文件至一体机
4	手机一台	需要 H5 预览

表 3-2　软件清单

序号	软件清单	备　　注
1	NibiruCreator_v5.8.0.0.exe	PC 端应用程序
2	NibiruCreator.apk	一体机应用程序
3	软件激活密钥	用于 PC 端应用程序的激活
4	Nibiru_OS 系统固件	用于在一体机预览创作的文件
5	操作文档	熟读操作文档是使用软件的基础
6	EncryptManager	PC 端加密工具

表 3-3　素材清单

序　号	素材清单
1	全景图片
2	全景视频
3	普通图片（二维/三维）
4	普通视频（二维/三维）
5	音频文件（MP3 格式）
6	用于介绍热点文案及故事线的策划方案

练习题 12

姓　名		班　级	

1. 简述 Creator 操作流程。

2. 在正式开始 Creator 的创作之前，需要准备哪些素材？

任务 3.2　理解实景拍摄工作流技术标准

学习目标	知道	Insta360 全景相机拍摄流程及技术标准、Photoshop 全景图片修图流程及技术标准、视频制作流程及技术标准、视频剪辑流程及技术标准、Creator 实景拍摄内容制作流程及技术标准
	会用	Creator 完成作品预览与导出
建议学时	4 学时	

3.2.1　Insta360 全景相机拍摄流程及技术标准

市面上的全景相机有很多种，如 Insta360、理光、米家、TECHE 等，这里以当今市面主流的 Insta360 全景相机拍摄流程及技术标准为例来说明。Insta360 是一款高像素的 360° 全景相机，搭配运动防抖功能，不仅支持拍摄超高清视频、120 帧子弹时间，而且支持多平台全景实时直播。专业级 Insta360、消费级 Insta360 如图 3-23 和图 3-24 所示。

图 3-23　专业级 Insta360

图 3-24　消费级 Insta360

在 Insta360 App 中，可以使用自由剪辑、智能物体追踪功能进行影片创意剪辑。

1. Insta360 Pro2 支持的功能

（1）FlowState 防抖。

（2）硬件配备了九轴陀螺仪，并且实现了针对运动场景的 FlowState 超级防抖功能。

（3）自动包围曝光拍照模式，可以选择 3、5、7、9 张照片。

（4）新增了自动包围曝光拍照模式（Insta360 Pro1 中需要后期合成的 HDR 模式相当于包围曝光 3 张照片），可以选择拍摄 3、5、7、9 张相等 EV 间隔的照片，便于后期合成高动态范围的照片。

（5）所有拍照模式均可以选择 RAW+JPG 双格式。

（6）所有拍照模式（普通单张拍照、自动包围曝光拍照、十连拍、延时摄影）均可以开启 RAW+JPG 双格式，将存储 DNG 与 JPG 两种格式的照片。

（7）HDR 视频。

（8）部分视频档位可以选择拍摄出具有 HDR 高动态范围效果的视频，适合光线较强的拍摄场景。

（9）在存储实时拼接与低码率的代理视频到 SD 卡的同时，Insta360 Pro2 可以存储高码率的原片到 6 张 TF 卡中，码率最高可达 120Mbps，相当于 Insta360 Pro1 码率的 3 倍，画质细节更好。并且 Insta360 Pro2 相比 Insta360 Pro1 采取了色阶更广的 YUVJ420P，能表现的亮部和暗部颜色更广。

（10）双天线，信号更远、更稳定。

（11）增加了外置 AP 天线，可以保证在 0～20 m 范围内流畅操控预览，相对 Insta360 Pro1 距离翻倍。

（12）增加了机身 GPS 模块和天线，无须使用额外的 GPS 配件，解决了拍摄街景时因外接配件接线杂乱而易受遮挡影响信号的问题。

（13）支持 Farsight 图传系统。

（14）搭载了 Insta360 最新研制的 Farsight 图传系统，配合使用可以实现远距离的流畅操控。在地对地空旷无遮挡环境下，其通信距离长达 300 m，在地对空空旷无遮挡环境下，其通信距离长达 1 km。此外，Farsight 图传系统同样可以配合 Insta360 Pro1 操控使用。

2．开启相机

Insta360 有两种开启模式，一是拨动相机侧边开关，弹出 lightning 接口，将 iPhone/iPad 与相机连接，指示灯亮起即开启相机，断开手机连接即自动关闭相机；二是按下相机侧边的电源键，指示灯亮起即开启相机（相机内需插入内存卡），长按按钮 3 秒，相机发出提示声即关闭相机。

3．拍摄流程

1）拍摄照片

（1）将 Insta360 与 iPhone/iPad 连接，打开 Insta360 App。

（2）单击右下角的"相机"按钮，进入拍摄界面。

（3）单击右下角的"设置"按钮，设置相关拍摄参数。

（4）单击拍摄界面的"快门"按钮，进行拍照。

2）拍摄视频

（1）将 Insta360 与 iPhone/iPad 连接，打开 Insta360 App。

（2）单击右下角的"相机"按钮，进入拍摄界面，选择录像功能。

（3）单击右下角的"设置"按钮，设置相关拍摄参数。

（4）单击拍摄界面的"快门"按钮，开始录像；再次单击"快门"按钮，停止录像。

4．独立拍摄流程

在独立拍摄时，相机内需插入内存卡。此外，在独立拍摄时，应尽量保持相机静止。

1）拍摄照片

（1）按一下相机电源键，开启相机。

（2）再次按一下相机电源键，当绿色指示灯闪烁一次时，表示拍摄完成。

（3）将 Insta360 与 iPhone/iPad 连接，可以查看拍摄内容。

2）拍摄视频

（1）按一下相机电源键，开启相机。

（2）连续按两下相机电源键，绿色指示灯持续闪烁，开始录像。

（3）再次按一下相机电源键，绿色指示灯停止闪烁，停止录像。

（4）将 Insta360 与 iPhone/iPad 连接，可以查看拍摄内容。

3）定时拍照

（1）将 Insta360 与 iPhone/iPad 连接，打开 Insta360 App。

（2）选择"设置"→"三击设置"选项。

（3）打开定时拍照开关，设置倒计时。

（4）将相机断开连接，按一下相机电源键，开启相机。

（5）连续按 3 下相机电源键，指示灯呈蓝色闪烁，若设定 3 秒定时拍照，则蓝色指示灯将闪烁 3 次。

（6）当指示灯恢复绿色常态时，表示拍摄完成。

（7）将 Insta360 与 iPhone/iPad 连接，可以查看拍摄内容。

4）延时摄影

（1）将 Insta360 与 iPhone/iPad 连接，打开 Insta360 App。

（2）选择"设置"→"三击设置"选项。

（3）打开延时摄影开关，设置时长、帧间隔参数。

（4）将相机断开连接，按一下相机电源键，开启相机。

（5）连续按 3 下相机电源键，指示灯呈"蓝—绿—蓝—绿"闪烁。

（6）当指示灯恢复绿色常态时，表示拍摄完成。再次按一下相机电源键，可以提前停止拍摄。

（7）将 Insta360 与 iPhone/iPad 连接，可以查看拍摄内容。

5．蓝牙拍摄流程

连接相机蓝牙，注意在使用蓝牙功能时，相机内需插入内存卡。

1）拍摄照片

（1）在成功连接相机蓝牙后，进入拍摄界面。

（2）在将相机固定好位置及角度后，单击右下角的"设置"按钮进行参数设置。

（3）单击拍摄界面的"快门"按钮，进行拍照。

（4）当相机绿色指示灯闪烁一次时，表示拍摄完成。

（5）将 Insta360 与 iPhone/iPad 连接，可以查看拍摄内容。

2）拍摄视频

（1）在成功连接相机蓝牙后，单击"视频"按钮，进入拍摄界面。

（2）单击右下角的"设置"按钮，设置相关拍摄参数。

（3）在将相机固定好位置及角度后，单击拍摄界面的"快门"按钮，进行录像。

（4）若相机绿色指示灯一直闪烁，则表示录像进行中。

（5）再次单击拍摄界面的"快门"按钮，停止录像。当相机指示灯停止闪烁时，表示拍摄完成。

（6）将 Insta360 与 iPhone/iPad 连接，可以查看拍摄内容。

3）定时拍照

（1）在成功连接相机蓝牙后，进入拍摄界面。

（2）单击右下角的"设置"按钮，打开定时拍照开关，设置倒计时（3 秒、5 秒、10 秒等）。

（3）在设置完成后，将相机固定好位置及角度，单击拍摄界面的"快门"按钮，进行拍照。

（4）当指示灯停止闪烁时，表示拍摄完成。

（5）将 Insta360 与 iPhone/iPad 连接，可以查看拍摄内容。

4）延时摄影

（1）在成功连接相机蓝牙后，单击"延时摄影"按钮，进入拍摄界面。

（2）设置时长、帧间隔参数。

（3）在完成设置后，将相机固定好位置及角度，单击拍摄界面的"快门"按钮，进行拍摄。

（4）当相机指示灯呈"蓝—绿—蓝—绿"闪烁时，表示拍摄进行中。再次单击"快门"按钮可以停止拍摄。

（5）将 Insta360 与 iPhone/iPad 连接，可以查看拍摄内容。

6. 相机直播流程

Insta360 支持 360 直播及动画直播两种模式。支持 360 直播的平台包括微博、RTMP 等，其直播功能仅支持连接手机使用。

1）微博直播

（1）将 Insta360 与 iPhone/iPad 连接，打开 Insta360 App。

（2）单击"拍摄"按钮，进入拍摄界面。

（3）先单击第 3 个 360 直播模式，再单击"Facebook"按钮，选择微博平台。

（4）绑定微博账号，根据新浪微博规定，全景直播功能暂时仅针对加 V 认证用户开放，蓝 V 认证用户或黑名单用户无法使用全景直播功能。

（5）在完成绑定后，添加直播描述，单击"确定"按钮，返回直播界面。

（6）单击右下角的"设置"按钮，完成码率等相关设置。

（7）单击"LIVE"按钮，开始直播。

2）RTMP 推流直播

（1）将 Insta360 与 iPhone/iPad 连接，打开 Insta360 App。

（2）单击"拍摄"按钮，进入拍摄界面。

（3）先单击第 3 个 360 直播模式，再单击"Facebook"按钮，选择 RTMP 平台。

（4）在输入 RTMP 推流地址后，单击"确定"按钮进行直播。

另外，Insta360 还支持动画直播，并支持以小行星独特视角进行直播。打开 Insta360 App，单击"拍摄"按钮，进入拍摄界面后，先选择第 4 个 360 直播模式，再选择直播平台，开始直播。

7．延时摄影流程

延时摄影功能仅支持相机独立使用或连接蓝牙使用。在拍摄时，应尽量保持相机静止。

1）相机独立使用

（1）将 Insta360 与 iPhone/iPad 连接，打开 Insta360 App。

（2）选择"设置"→"三击设置"选项。

（3）打开延时摄影开关，设置时长、帧间隔参数。

（4）将相机断开连接，按一下相机电源键，开启相机。

（5）连续按 3 下相机电源键，指示灯呈"蓝—绿—蓝—绿"闪烁。

（6）当指示灯恢复绿色常态时，表示拍摄完成。再次按一下相机电源键，可以提前停止拍摄。

（7）将 Insta360 与 iPhone/iPad 连接，可以查看拍摄内容。

2）连接蓝牙使用

（1）在成功连接相机蓝牙后，单击"延时摄影"按钮，进入拍摄界面。

（2）设置时长、帧间隔参数。

（3）在完成设置后，将相机固定好位置及角度，单击拍摄界面的"快门"按钮，进行拍摄。

（4）当相机指示灯呈"蓝—绿—蓝—绿"闪烁时，表示拍摄进行中。再次单击"快门"按钮可以停止拍摄。

（5）将 Insta360 与 iPhone/iPad 连接，可以查看拍摄内容。

8．定时拍照流程

定时拍照功能可以支持连接手机使用、独立使用、连接蓝牙使用。在拍摄时，应尽量保持相机静止。

1）连接手机使用

（1）将 Insta360 与 iPhone/iPad 连接，打开 Insta360 App。

（2）单击"拍摄"按钮，进入拍摄界面。

（3）单击右下角的"设置"按钮，设置相关拍摄参数。

（4）单击"定时"按钮，选择倒计时（3 秒、5 秒、10 秒等）。

（5）在完成设置后，单击拍摄界面的"快门"按钮。

（6）当绿色指示灯闪烁一次时，表示拍摄完成。

2）独立使用

（1）将 Insta360 与 iPhone/iPad 连接，打开 Insta360 App。

（2）选择"设置"→"三击设置"选项。

（3）打开定时拍照开关，设置倒计时。

（4）将相机断开连接，按一下相机电源键，开启相机。

（5）连续按 3 下相机电源键，指示灯呈蓝色闪烁，若设定 3 秒定时拍照，则蓝色指示灯将闪烁 3 次。

（6）当指示灯恢复绿色常态时，表示拍摄完成。

（7）将 Insta360 与 iPhone/iPad 连接，可以查看拍摄内容。

3）连接蓝牙使用

（1）在成功连接相机蓝牙后，进入拍摄界面。

（2）单击右下角的"设置"按钮，打开定时拍照开关，设置倒计时（3 秒、5 秒、10 秒等）。

（3）在设置完成后，将相机固定好位置及角度，单击拍摄界面的"快门"按钮，进行拍照。

（4）相机蓝色指示灯持续闪烁。当指示灯恢复绿色常态时，表示拍摄完成。

（5）将 Insta360 与 iPhone/iPad 连接，可以查看拍摄内容。

3.2.2 Photoshop 全景图片修图流程及技术标准

在 Photoshop 中可以将多张照片制作成全景图片并完成修图操作。在拍摄时应通过广角的表现手段，以及绘画、视频、三维模型等形式，尽可能多地表现出周围的环境，进而得出全景图片。全景拼接的原理是将几张连续的照片拼接成全景图片，这一拼接功能非常实用，可以大幅度地扩展镜头的表现能力。另外，在技术上，单张照片的拍摄质量会直接影响后期合成的效果。如果镜头没有广角，相机不支持全景扫描，那么没有关系，可以多次拍摄照片，并通过 Photoshop 实现全景图片。

1. 用 Photoshop 制作全景图片

（1）在打开 Photoshop 以后，按快捷键 Ctrl+O，选中要拼接的 3 个图片，并单击"打开"按钮，打开这 3 个图片。

（2）按快捷键 Ctrl+N，新建一个尺寸为原图片尺寸 3 倍以上大的画布。

（3）按 V 键，选择要拼接的图片并按住鼠标左键，将图片拖拽到步骤（2）新建的画布中，调整图片大小和位置，将 3 个图片大致拼接好，如图 3-25 所示。

（4）按快捷键 Ctrl+M，将 3 个图片的色彩和饱和度调整一致，如图 3-26 所示。

（5）按 S 键（选择需要复制的目标并按快捷键 Alt+鼠标左键，复制好后在要复制的位置直接修整），将 3 个图片多余或缺少的部分进行修理，如图 3-27 所示。

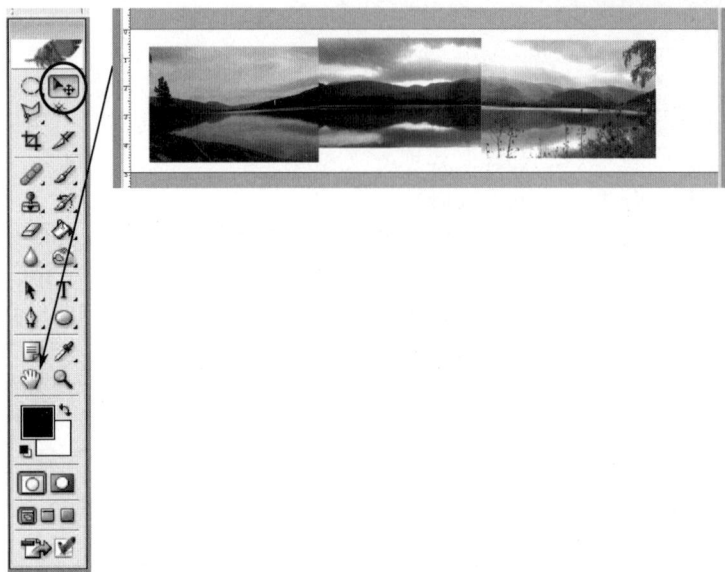

图 3-25　拼接图片

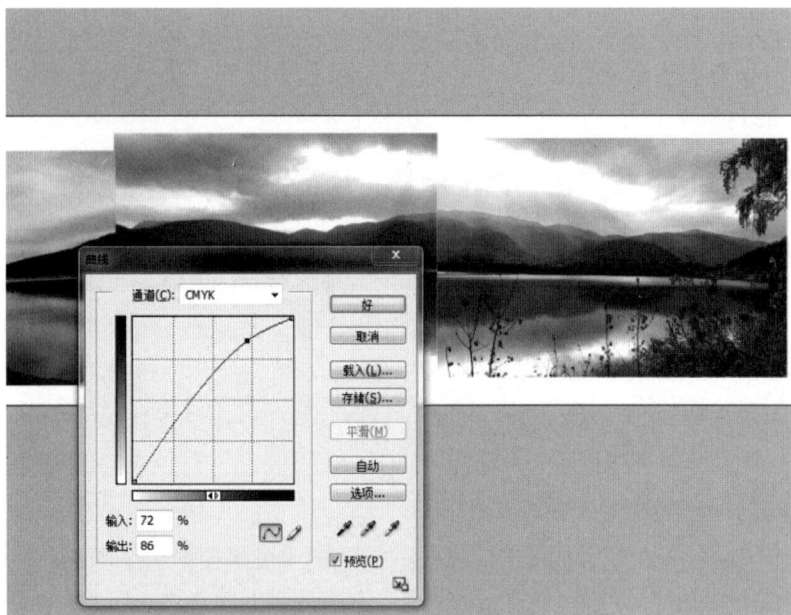

图 3-26　调整图片的色彩和饱和度

2．全景图片的修图技巧

（1）使用三维软件渲染好的全景图片，通过选择 Photoshop 菜单栏中的"3D"→"球面全景"→"导入全景图"命令（Photoshop CS4 之后的版本都有），可以直接将宽度与高度的比为 2∶1 的全景图片导入 Photoshop，如图 3-28 所示。

（2）在将全景图片导入 Photoshop 时，会出现一个"新建"对话框。若需修改配置，则可以在如图 3-29 所示的"新建"对话框中进行，但是应确保宽度与高度的比为 2∶1。

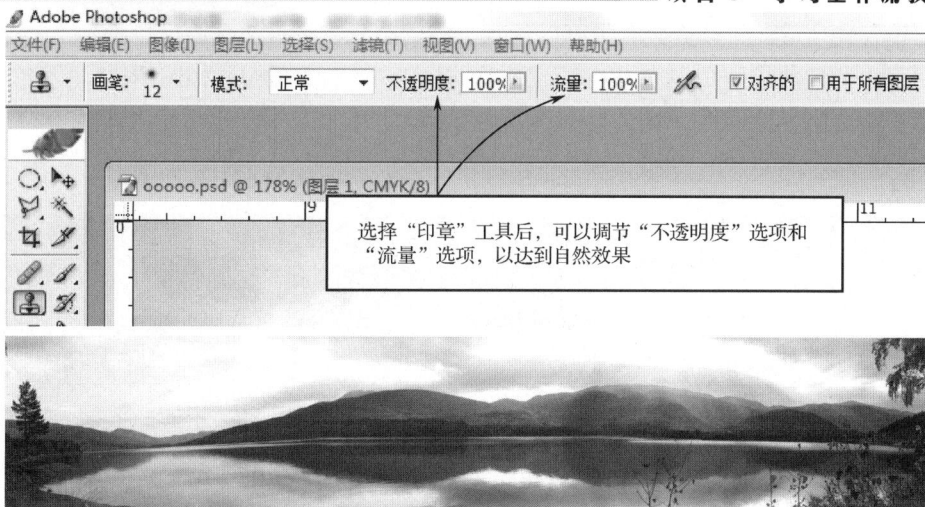

图 3-27 修理图片多余或缺少的部分

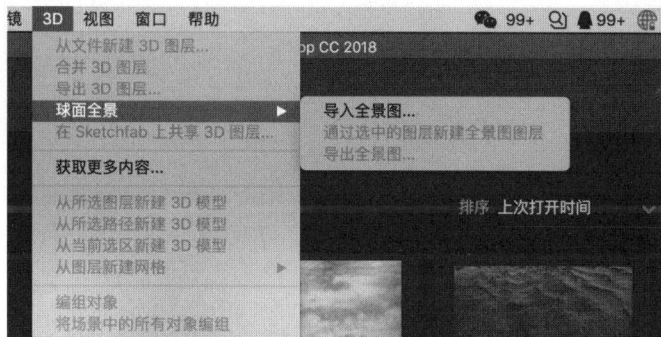

图 3-28 导入全景图片

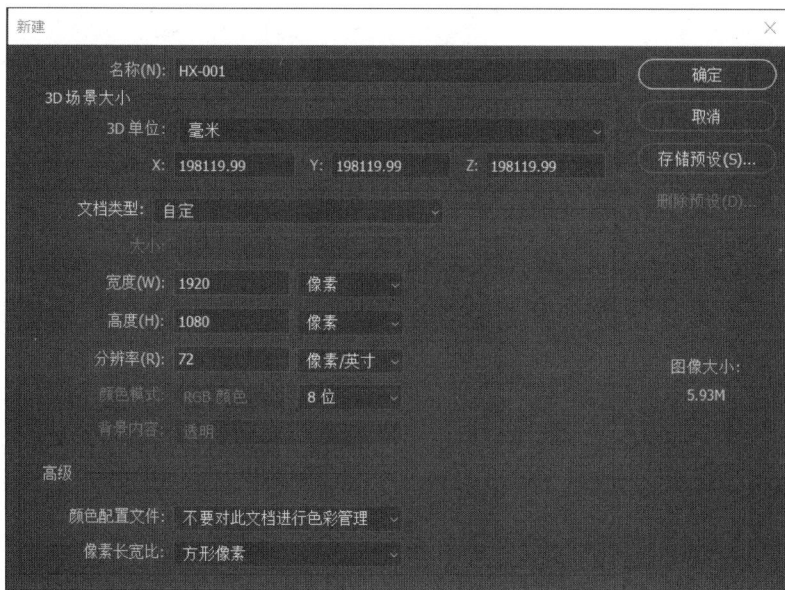

图 3-29 "新建"对话框

123

（3）导入成功后，在预览界面中可以看到生成的全景图片，在框中可以看到"全景旋转""全景平移""全景前进和后退"，以及三维空间 X、Y、Z 轴的指向，如图 3-30 所示。通过框中的按钮可以旋转和移动全景图片，直接使用 Photoshop 中的仿制图章、笔刷、橡皮等工具进行修图，此处不再赘述。

图 3-30　导入成功后的界面

（4）在修图完成后，需要导出全景图片，选择"3D"→"球面全景"→"导出全景图"命令，即可导出宽度与高度的比为 2：1 的标准全景图片，如图 3-31 所示。

图 3-31　导出全景图片

3．用 Photoshop 无缝拼接全景图片

1）选择全景图片

打开 Photoshop，选择"文件"→"打开"命令，选择想要合成的全景图片，可以将它们统一命名。这里使用了 6 个前缀为 Insta_one 的 RAW 格式的文件，单击"打开"按钮，会自动弹出 Adobe Camera Raw 工具界面。

2）检查溢出

选择 Insta_one03.cr2 文件，按 O 键开启高光修剪警告功能。过曝高光部分将以红色色块的形式被标识出来。将修复滑块值设置为 70，能显著抑制过曝高光部分的范围。不过现在还不是调整该设置的时候，应将其值还原为 0。

3）进行批处理

为了保证在拼接时不出现明暗差异问题，拍摄时可以使用 1/125 秒快门，f/11 的参数。如果需要调整修复滑块，那么必须一起调整 6 个图片。单击左上角的"全选"按钮，并将修复滑块值设置为 70，将应用到所有照片。

4）增强色彩

在调整之后，左侧每个缩略图的左下角都会出现一个灰色的小圆圈，表示该图片已经应用了调整设置。还原高光细节会让画面整体色彩表现力下降，将自然饱和度提高至+55，能够让画面中的色彩还原至高光恢复前的效果。

5）校正镜头

镜头的变形与暗角等瑕疵会在图片拼接后更加明显，最好从源头着手将它解决。进入"镜头校正"面板，在"配置文件"子面板中勾选"启用镜头配置文件校正"复选框，并选择拍摄时使用的镜头。

6）工作流程

单击工作流程设置链接，打开"工作流程选项"对话框。在"尺寸"下拉列表中，将照片设置为两百万到三百万，单击"确定"按钮返回 Adobe Camera Raw 工具界面，单击"完成"按钮。

7）选择"Photomerge"命令

在退出 Adobe Camera Raw 工具界面返回 Photoshop 主界面之后，选择"文件"→"自动"→"Photomerge"命令，打开"Photomerge"对话框。将左侧版面选项从默认的"自动"更改为"圆柱"，这样才能保证拼接后得到的全景图片首尾画面完全吻合。

8）选择文件

单击右侧的"浏览"按钮，打开文件管理器，再次进入 Insta_one 文件夹，选择其中的 6 个文件，单击"确定"按钮，返回"Photomerge"对话框，文件将出现在源文件列表中，勾选"混合图像"复选框，单击"确定"按钮。

9）合并全景图片

使用 Photomerge 命令将自动根据文件画面内容创建新文档，将所有图片置于独立图层中，调整图片的顺序与位置，创建蒙版混合图像。这个过程稍微有些长，尤其是在计算机配置比较老的情况下。完成后，得到边缘为透明的拼接效果。

10）裁切边缘

选择"图层"→"拼合图像"命令，将所有图层合并。使用裁切工具，裁切画面下方的所有空白边缘，而对于天空中的空白则可以适当予以保留。为了保证画面的全景效果，对于左、右两侧的画面应尽量不要舍弃太多。

11）调整构图

画面主体元素位置略微有些偏右，选择"滤镜"→"其他"→"位移"选项，勾选"折回"复选框，将水平像素右移的值设置为-300，将主题元素移动到画面的中央。由于在前面裁切时，裁切了少许画面，因此出现了明显的接缝。

12）隐藏接缝

使用工具栏中的仿制图章工具，单击"图层"面板下方的"新建图层"图标，创建新图层。选择"取样"下拉列表中的"所有图层"选项，并使用柔边画笔工具对接缝周围的景物进行取样，使用它们覆盖接缝。

至此，完成无缝拼接全景图片的操作。

练习题 13

姓　　名	班　　级
1．列举两个常用的全景相机，并说一说它们各自的优点和缺点。	

2．扫一扫右侧二维码看全景图片，使用 Photoshop 制作一个全景图片。

3.2.3 视频制作流程及技术标准

1. 数字视频基本概念

数字视频（Digital Video）是基于数字技术来记录视频信息的，用数字相机等视频捕捉设备，将外界影像的颜色和亮度等信息转变为电信号，记录到存储介质中。不会因存储时间长而发生图像损耗，可以多次复制而不失真；数字化的存储更便于后期编辑，这些都是数字视频的优点。

2. 数字视频常用术语

为了更好地理解数字视频，下面介绍几种数字视频常用术语。

1）帧速率

帧速率即帧/秒（Frames Per Second，FPS），指视频媒体每秒播放的画面帧数，即每秒显示多少个完整的图像画面。在通常情况下，帧速率越高产生的运动画面效果就越流畅和逼真。我国采用的 PAL 制为 25 帧/秒。

2）像素比

像素是构成位图的基本单位。像素比指图像一帧的长度和宽度之比。像素分为方形像素和矩形像素。计算机图形软件（Photoshop 等）制作生成的图像为方形像素，而相机基本上使用矩形像素。在非线性编辑软件中，像素的长度和宽度之比是可以调整的。

3）场

电视机在播放视频的过程中是以隔行扫描的方式来显示图像的。要显示一个完整的图像，需要通过两次扫描来交错显示奇数行和偶数行，每扫描一次就叫作一"场"。其实，在电视屏幕上出现的画面并不是完整的，它实际上是半帧图像（见图 3-32），由于扫描的高速度和人眼睛的视觉暂留效果，因此观众看到的图像是一个完整图像（见图 3-33）。

图 3-32　半帧图像

图 3-33　完整图像

4）视频编码

在数字视频编辑中，经常会出现视频或音频文件无法导入后期编辑软件或导入以后出现错误提示等问题。出现这些问题，主要是因为素材的编码有问题。

编码其实就是一种压缩标准，如果要在不同的设备上播放各种格式的文件，那么在播放前必须根据需要进行压缩。例如，使用 Adobe Premiere 输出的 PAL 制无损压缩的 AVI 格式，在播放时，每秒需要几十兆帧。由于这么大的文件要在网络上进行播放和传输难度很大，因

此在上传之前必须对文件进行压缩，改变文件的大小。这里所说的压缩就一种转化编码的过程。如果选用一个高压缩率的编码，那么就可以得到一个比较小的数据文件，而且如果这个编码算法比较好，那么画质基本没有损耗（肉眼观看）。

目前，视频编码标准主要有以下几个：国际电信联盟（ITU）制定的 H.261、H.263、H.264 编码；运动静止图像专家组制定的 M-JPEG 编码；国际标准化组织（ISO）制定的 MPEG 系列编码；Real-Networks 制定的 RealVideo 编码；微软制定的 WMV 编码；Apple 制定的 QuickTime 编码。

3．常见的数字视频格式

1）AVI 格式

AVI（Audio Video Interleave）格式是由微软开发的一种音视频交错格式。AVI 格式将声音与影像同步组合在一起，应用广泛，可以跨多个平台播放。AVI 格式支持的播放软件有 Windows Media Player、QuickTime Player、Real Player 等。

2）MPGE 格式

MPEG（Motion Picture Experts Group）格式是目前应用十分广泛的一种音视频格式，VCD、DVD 都使用的这种格式。Windows Media Player、QQ 影音、暴风影音等绝大多数的播放软件都可以播放该格式。MPGE 格式主要用于 MPGE 视频、MPGE 音频和 MPGE 系统（音视频同步）中，MPGE 音频中的一个典型应用就是我们常见的 MP3 格式的音频文件。而 MPGE 视频则分为 MPEG-1 格式视频、MPEG-2 格式视频和 MPEG-4 格式视频。由于 MPEG-1 格式、MPEG-2 格式目前使用较少，因此在此只介绍 MPEG-4 格式。

MPEG-4 格式是针对播放流媒体的高质量视频而专门设计的。它的优点是数据少而品质高。这种格式的文件扩展名包括.asf、.mov 等。使用 MPEG-4 格式的压缩算法，可以极大地缩小文件体积，并且其图像品质接近 DVD 格式，可供网上观看。

3）DIVX 格式

DIVX 格式由 MPEG-4 格式衍生而来，也被称为 DVDRip 格式。DIVX 格式文件的画质接近 DVD 格式文件的画质，但是 DIVX 格式文件的体积只有 DVD 格式文件体积的几分之一。

4）MOV 格式

MOV 格式是 Apple 开发的一种视频格式，默认播放器是 QuickTime Player。它具备较高的压缩率和较清晰的特点。它突出的特点是同时支持 macOS 和 Windows 平台。

5）RM/RA/RMVB 格式

RM/RA/RMVB 格式由 RealNetworks 制定，针对的是视频流应用方面的音视频压缩规范。其优点是便于网络传播，缺点是品质比 DVD 格式和 MPEG 格式低很多。

6）WMV 格式

WMV（Windows Media Video）格式是微软推出的一种采用独立编码方式并可以实现网络实时在线观看的文件压缩格式，图像品质一般。

7）FLV 格式

FLV（Flash Video）格式的特点是文件体积极小，在线加载极快，图像品质一般。

8）ASF 格式

ASF（Advanced Streaming Format）格式由微软推出。ASF 格式因为采用了 MPEG-4 格式的算法，所以压缩率和图像品质相比 WMV 格式、FLV 格式都要好很多。

众所周知，所有压缩编码技术其实都会损耗音视频的图像品质，只是损耗多少的区别。

4．视频输出流程及技术标准

目前，行业中常用的视频编辑及制作软件有 Adobe After Effects 和 Adobe Premiere。这两款软件都可以编辑并输出视频，尤其是配合全景相机及 VR 技术。在 Adobe Premiere 中新增了可以输入全景视频的视场模式，技术人员可以自由地在单视场、双目视场、立体视场等模式之间进行切换。不过，最终输出时，还是需要按照所需要的特定格式进行。Adobe After Effects 图标如图 3-34 所示。Adobe Premiere 图标如图 3-35 所示。

图 3-34　Adobe After Effects 图标　　　　图 3-35　Adobe Premiere 图标

下面将分别介绍如何在 Adobe After Effects 和 Adobe Premiere 中输出视频。

1）在 Adobe After Effects 中输出视频

（1）在 Adobe After Effects 中设置了专门的视频渲染输出面板。通过选择菜单栏中的"合成"→"添加到渲染队列"命令即可调用出该面板。Adobe After Effects 中的"渲染队列"面板如图 3-36 所示。

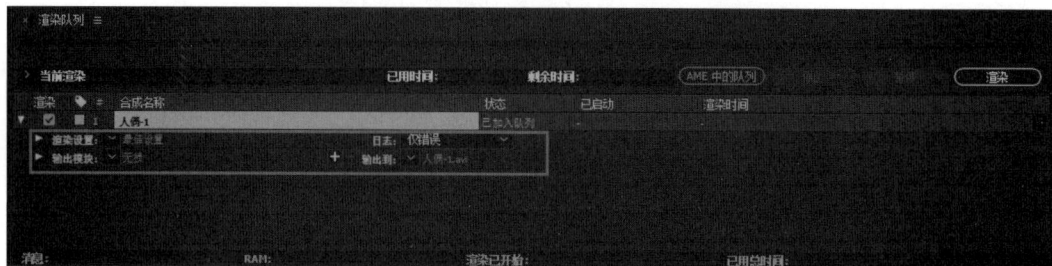

图 3-36　Adobe After Effects 中的"渲染队列"面板

（2）在"渲染队列"面板中，单击"渲染设置"右侧的下拉按钮即可打开对应设置选项，可以按照实际项目中对渲染设置的需求进行设置。渲染设置如图 3-37 所示。

（3）同样，在"渲染队列"面板中，单击"输出模块"右侧的下拉按钮即可打开对应设

置选项，可以按照实际项目需求对输出模块进行设置。输出模块如图 3-38 所示。

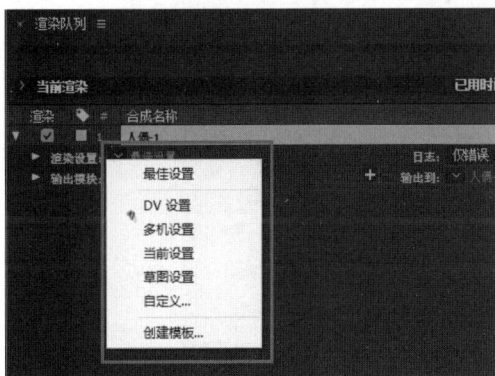

<table>
<tr><td>图 3-37　渲染设置</td><td>图 3-38　输出模块</td></tr>
</table>

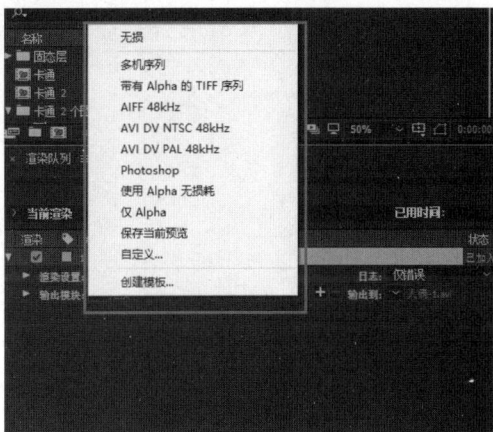

（4）选择"无损"选项，即可调出"输出模块设置"对话框。通过选择视频格式可以对最终输出的视频格式进行设置。"输出模块设置"对话框如图 3-39 所示。

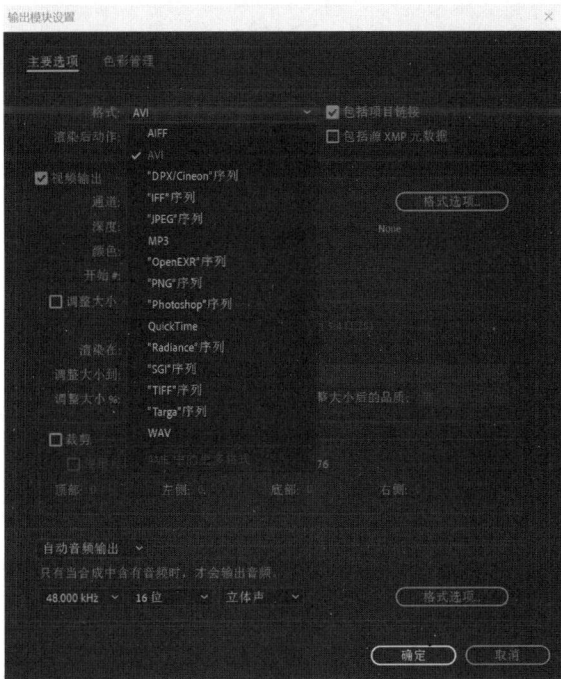

图 3-39　"输出模块设置"对话框

如果选择了 AVI 格式，那么可以继续通过"视频输出"选项组中的"格式选项"选项，继续针对输出的视频格式进行设置。设置完成后，单击"OK"按钮。视频格式设置如图 3-40 所示。

（5）在完成上述设置后，返回"渲染队列"面板，单击"渲染"按钮即可开始视频输出，如图 3-41 所示。

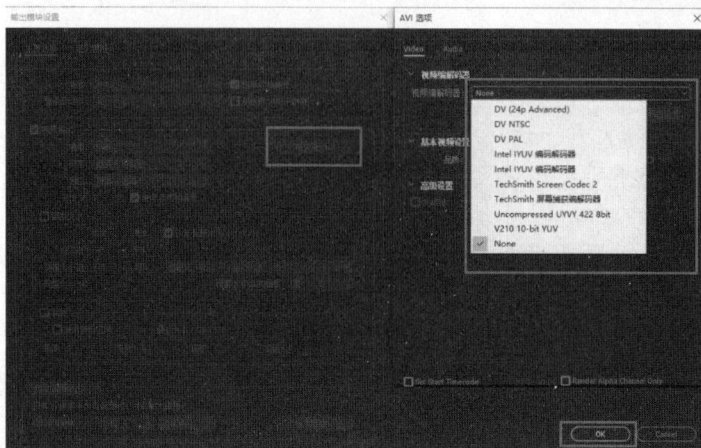

图 3-40　视频格式设置

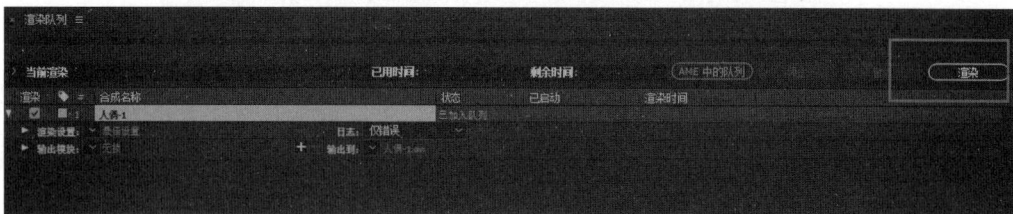

图 3-41　单击"渲染"按钮

以上是在 Adobe After Effects 中输出视频的规范操作。

2）在 Adobe Premiere 中输出视频

（1）打开 Adobe Premiere，选择"文件"→"导出"→"导出媒体"命令，可以调出"导出设置"面板，如图 3-42 所示。

图 3-42　"导出设置"面板

在通常情况下，会选择 H.264 格式进行编码。H.264 格式是目前行业内的主流格式。该格式是国际标准化组织和国际电信联盟共同提出的继 MPEG4 格式之后的新一代数字视频压缩格式。H.264 格式的优势是具有很高的数据压缩率，在同等图像品质的条件下，H.264 格式的压缩率是 MPEG-2 格式的两倍以上，是 MPEG-4 格式的 1.5～2 倍。与此同时，H.264 格式还有着高品质的图像，可以导出 MP4 格式的文件。这种格式对于注重视觉体验及浏览速度的虚拟展示而言无疑是非常好的选择。

（2）在"预设"下拉列表中可以选择对应的参数。其中，720P 表示视频有 720 行像素数，而 1080P 则表示视频有 1080 行像素数。23.976、25、29.97 这些数字表示帧率。带小数点的数字表示标准帧率，整数则表示不规则帧率。通常，国内都是采用 PAL 制的 25 帧/秒，欧美采用 NTSC 制的 29.97 帧/秒。帧率越高，视频质量越好。预设参数如图 3-43 所示。

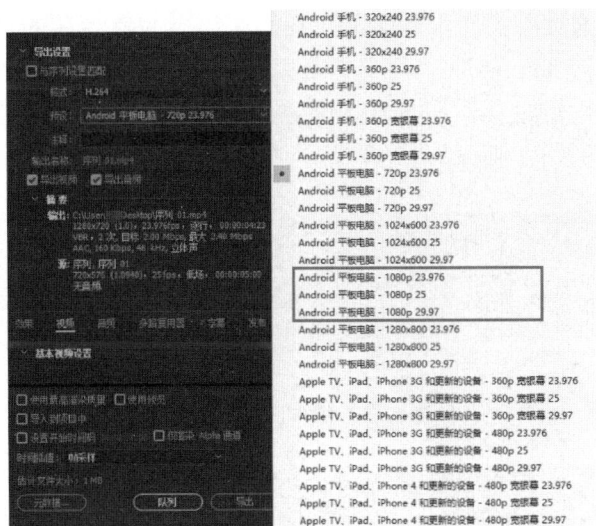

图 3-43　预设参数

（3）设置完成后，单击"导出"按钮，导出对应视频，如图 3-44 所示。

图 3-44　导出对应视频

3.2.4　视频剪辑流程及技术标准

编者已使用全景相机拍摄 VR 视频,下面在新版的 Adobe After Effects 和 Adobe Premiere 中搭载剪辑 VR 视频的工作流,对已经拍摄完成的全景视频进行剪辑。

由于 VR 技术应用需求的激增,越来越多的人开始参与到 VR 视频和全景视频的制作中,VR 视频剪辑软件应运而生。Adobe Premiere 新增了可以输入全景视频的视场模式,视频剪辑人员可以自由地在单视场、双目视场、立体视场等模式之间进行切换。

同时,为了提高视频剪辑效率,新版的视频剪辑软件将支持视频捕捉与剪辑同步进行。对于 VR 拍摄来讲,音视频素材的获取需要耗费大量的时间与金钱,新版的视频剪辑软件所支持的视频捕捉与剪辑功能,大大提高了拍摄 VR 视频的速度。在使用 Adobe After Effects 和 Adobe Premiere 时,用户无须佩戴 VR 眼镜,只需在计算机屏幕前就可以完成全景视频的整个剪辑过程,同时新增的键盘导航快捷键也有助于提高剪辑视频的速度。VR 视频剪辑如图 3-45 所示。

图 3-45　VR 视频剪辑

需要注意的是,在进行 VR 视频剪辑、输出时,应根据需求选择相关选项,这样具有全景视频播放功能的网站才能够正式识别出 VR 视频,从而选取对应的播放方式。

使用 Adobe Premiere 可以给视频添加效果,而对于 VR 全景视频画面,使用 Adobe Premiere 同样可以给 VR 全景视频添加 360°的视频效果。Adobe Premiere 操作界面如图 3-46 所示。

图 3-46 Adobe Premiere 操作界面

（1）在导入 VR 视频素材到时间轴之后，选择"自定义窗口"选项，切换到自己熟悉的视频剪辑窗口，如图 3-47 所示。

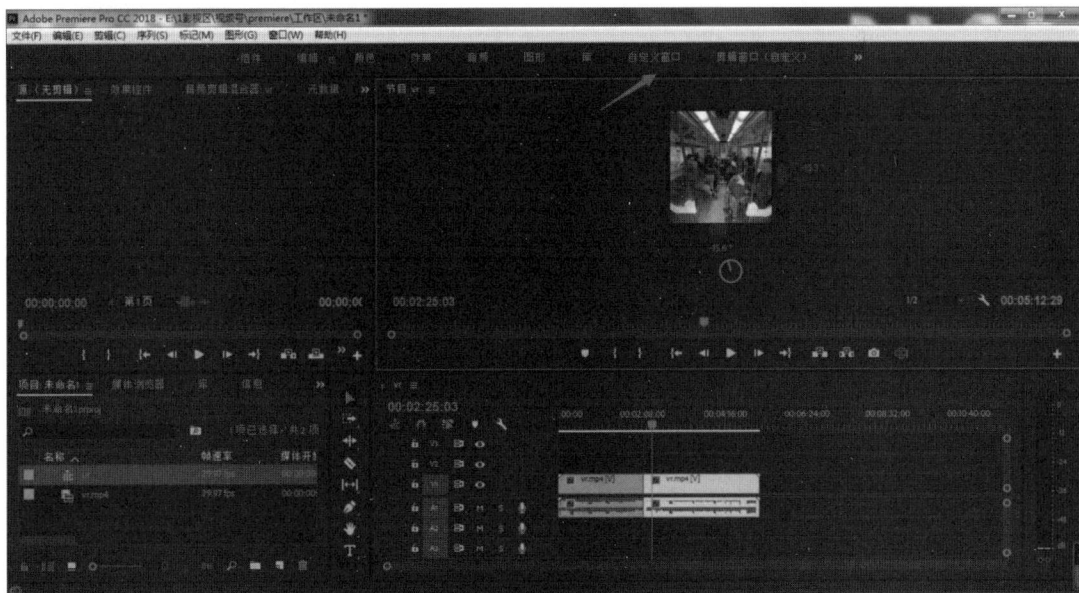

图 3-47 导入素材到视频剪辑窗口

（2）在"效果"面板中，选择"视频效果"选项，如图 3-48 所示。

图 3-48   选择"视频效果"选项

（3）选择"沉浸式视频"选项，如图 3-49 所示。

图 3-49   选择"沉浸式视频"选项

（4）找到想要的 VR 效果，并将其拖入时间轴，如图 3-50 所示。

（5）系统进入解析过程，等待计算机运算 VR 全景视频。系统解析界面如图 3-51 所示。

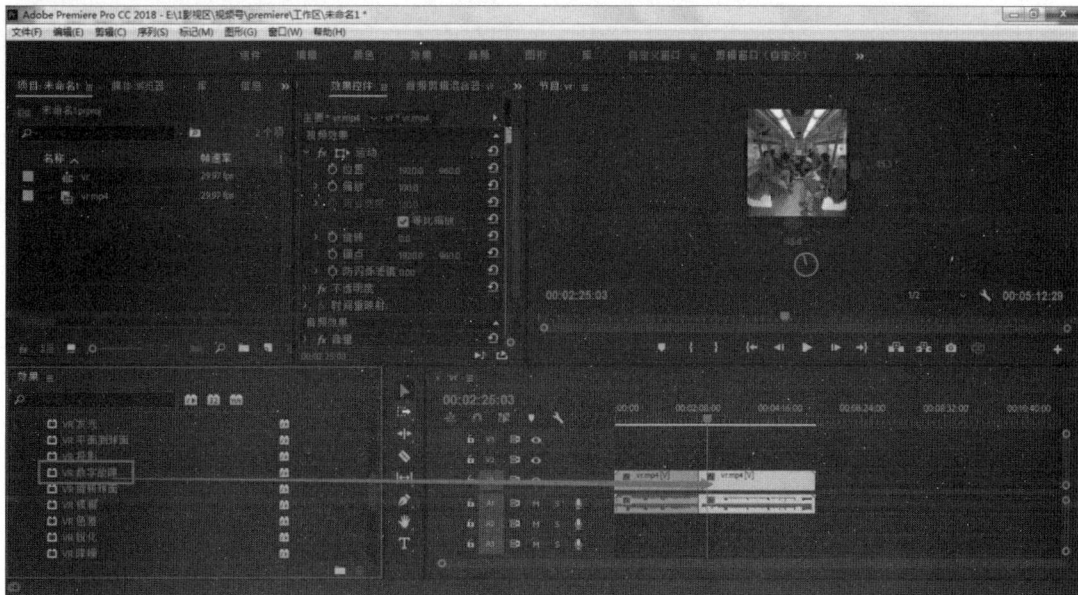

图 3-50　将 VR 效果拖入时间轴

图 3-51　系统解析界面

3.2.5　Creator 实景拍摄内容制作流程及技术标准

1．Creator 实景拍摄内容制作技术标准

Creator 支持导入 OBJ 或 FBX 格式的模型，并可以打开相应的三维查看器。这里以 3ds Max 为例，演示 OBJ 格式的模型导出的全过程。

（1）Creator 现阶段支持的三维模型为 OBJ 或 FBX 格式的模型（静态模型）+PNG 格式的贴图。在 3ds Max 导出模型贴图前，模型中心点要归零，确保模型贴的是 PNG 格式的贴图，并且模型和贴图必须保存在同一个文件夹中。此外，应确保材质球必须是 Standard 标准材质球，不能更改颜色，不能有 V-Ray 等其他高级渲染材质球。模型导出前的处理如图 3-52 所示。材质球的处理如图 3-53 所示。

图 3-52　模型导出前的处理

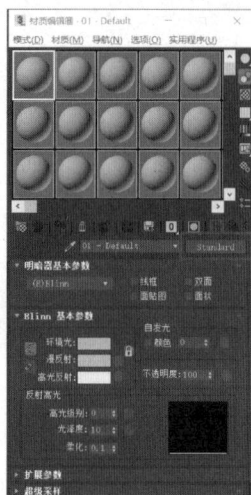

图 3-53　材质球的处理

（2）在制作模型时，一定要确保模型和贴图一一对应，不要出现很多模型共用一个贴图的情况，否则有可能会出现贴图加载不出来的情况，如图 3-54 所示。在将模型合并后，设

置导出格式为 OBJ，就可以在 Creator 本地和云端正常显示贴图了，如图 3-55 所示。

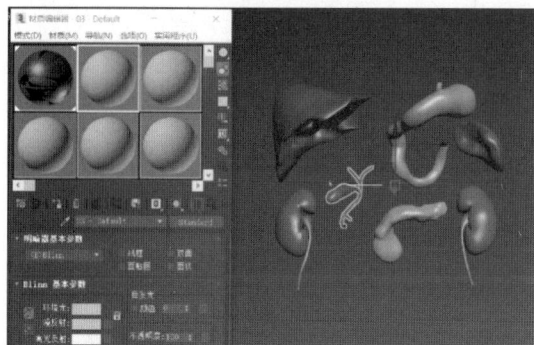

图 3-54 贴图加载不出来

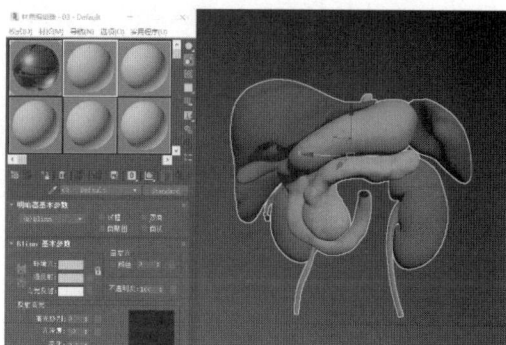

图 3-55 正常显示贴图

（3）模型尽量不要使用多维子材质，否则在 Creator 中就有可能出现模型不能正常显示贴图的情况。多维子材质导入错误如图 3-56 所示。在有多张贴图时，可以使用多个材质球贴图，这样模型导入 Creator 可以避免出现此类问题。多维子材质导入正确如图 3-57 所示。

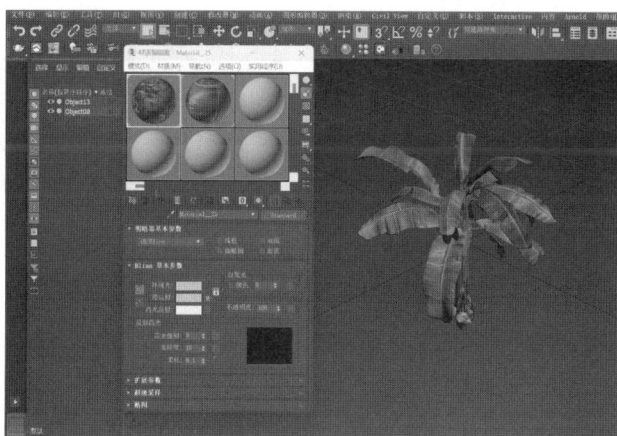

图 3-56 多维子材质导入错误

图 3-57 多维子材质导入正确

（4）模型尽量不要使用多层叠加结构（若为多层叠加结构，则可以去掉一层），否则在 Creator 中会出现模型闪烁的情况。多层叠加导入错误如图 3-58 所示。

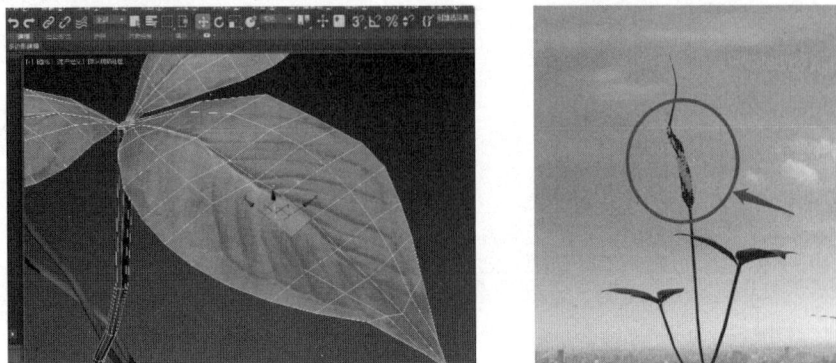

图 3-58　多层叠加导入错误

（5）在为模型贴好贴图后，要打断路径，才可以使用。在 3ds Max 中，单击"扳手"图标，先单击"Bitmap/Photometric Paths"按钮，再单击"Edit Resources"按钮，如图 3-59 所示。

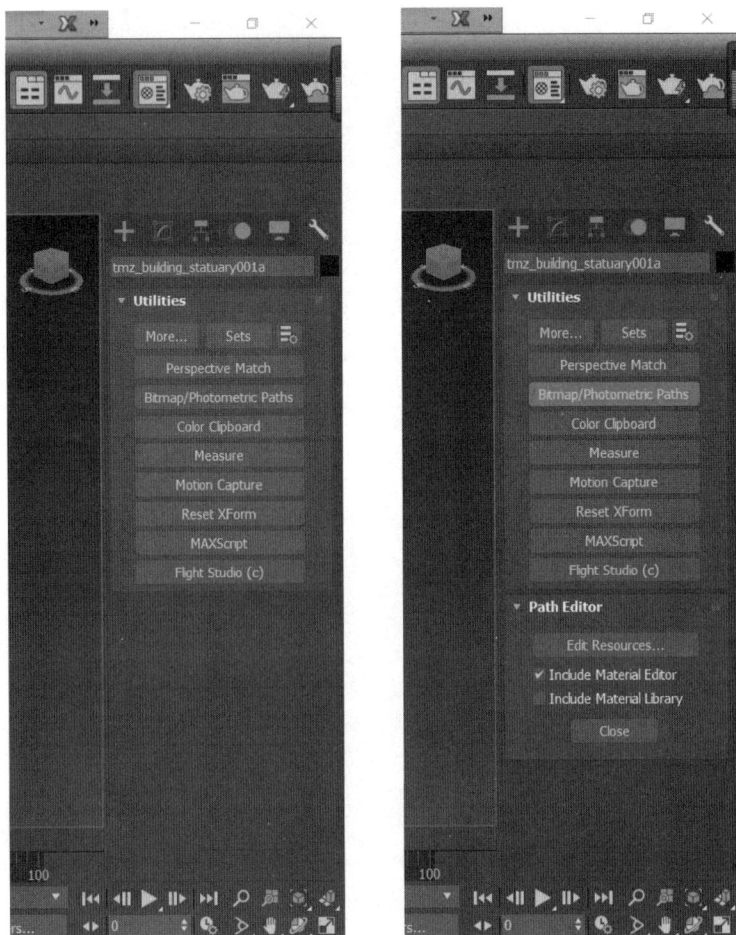

图 3-59　打断路径 1

如果找不到"Bitmap/Photometric Paths"按钮，那么可以单击红框中的图标，从中拖出"Bitmap/Photometric Paths"按钮，如图 3-60 所示。

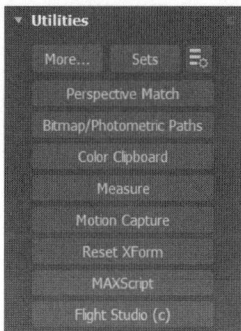

图 3-60　拖出"Bitmap/Photometric Paths"按钮

（6）单击"Edit Resources"按钮后，在弹出的"Bitmap/Photometric Path Editor"对话框中可以看到模型贴图在 D 盘的"范例"文件夹中，这是绝对路径。此时，单击"Strip All Paths"按钮，如图 3-61 所示。

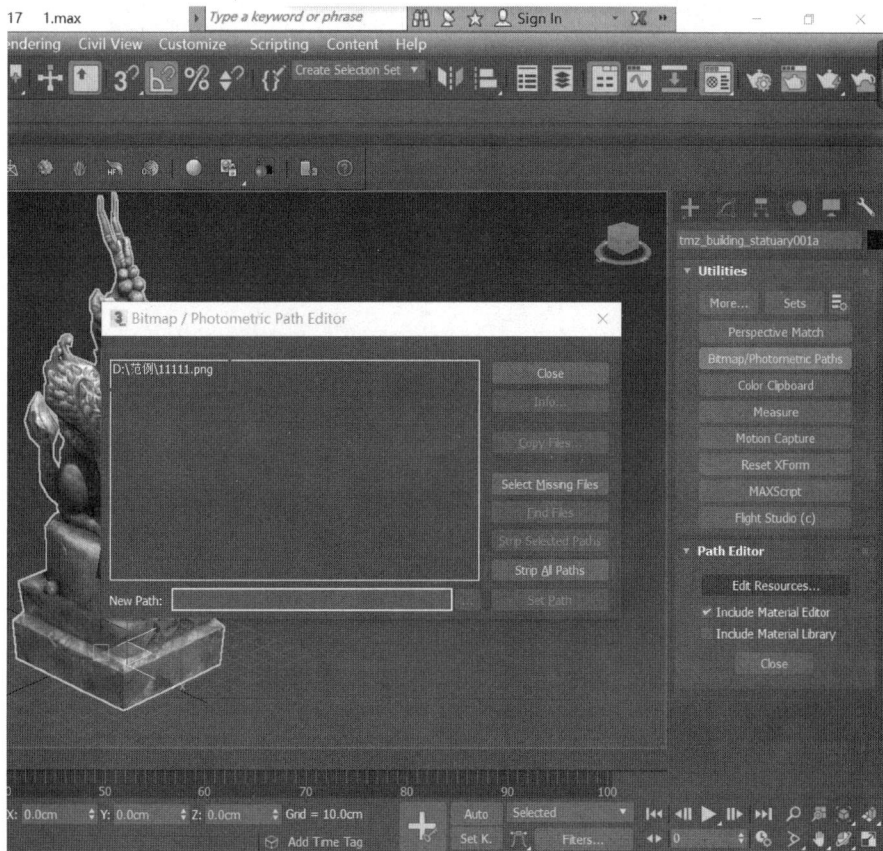

图 3-61　打断路径 2

在弹出的"Warning"对话框中，单击"确定"按钮，如图 3-62 所示。

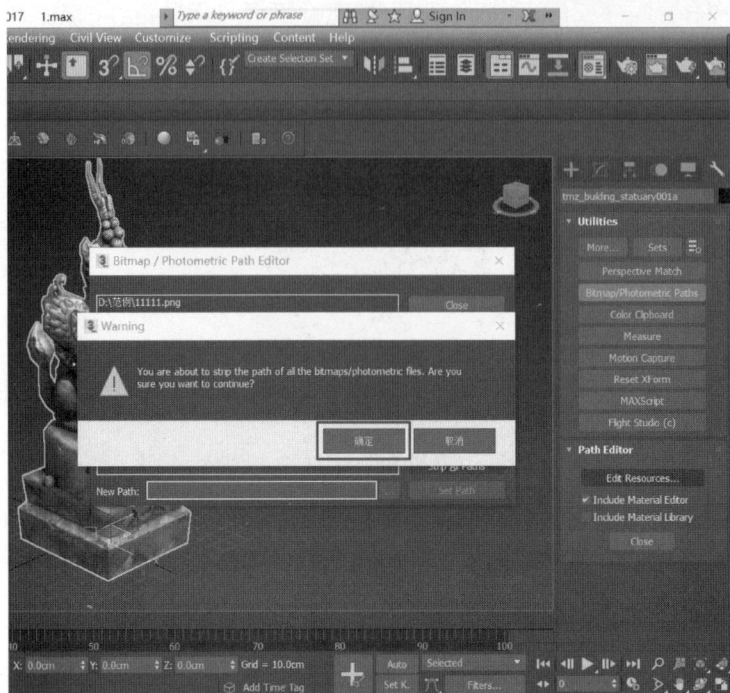

图 3-62　打断路径 3

　　此时,可以看见贴图前面的路径消失了,这时绝对路径就被打断成相对路径了,如图 3-63 所示。

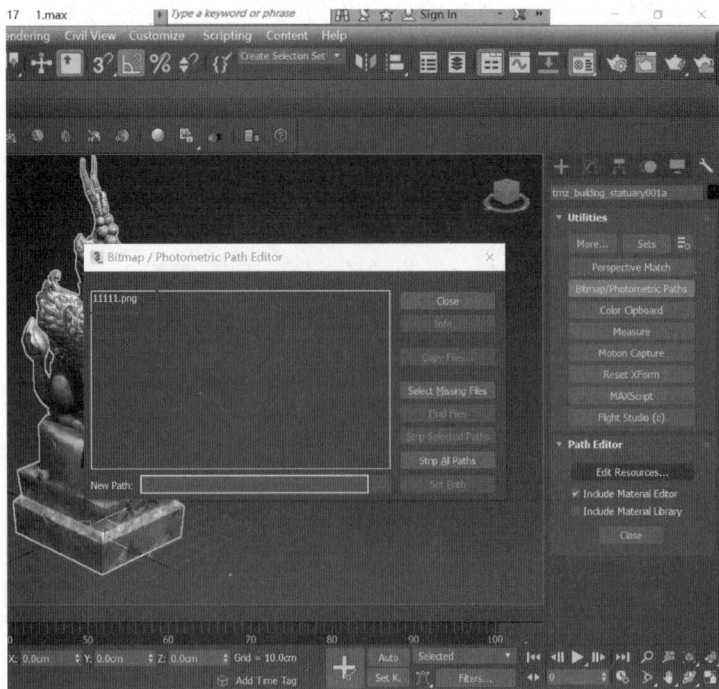

图 3-63　打断路径完成

（7）先选中模型，再单击 图标，选择"Export"→"Export Selected"命令，如图 3-64 所示。

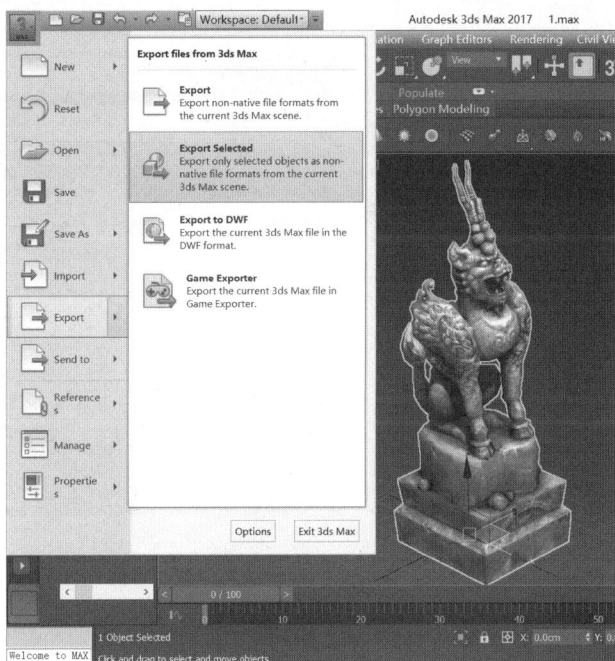

图 3-64　选择"Export Selected"命令

（8）在弹出的"Select File to Export"对话框中，选择需要保存的文件夹，并选择导出格式为 OBJ，单击"Export"按钮，导出 OBJ 格式的模型，如图 3-65 所示。

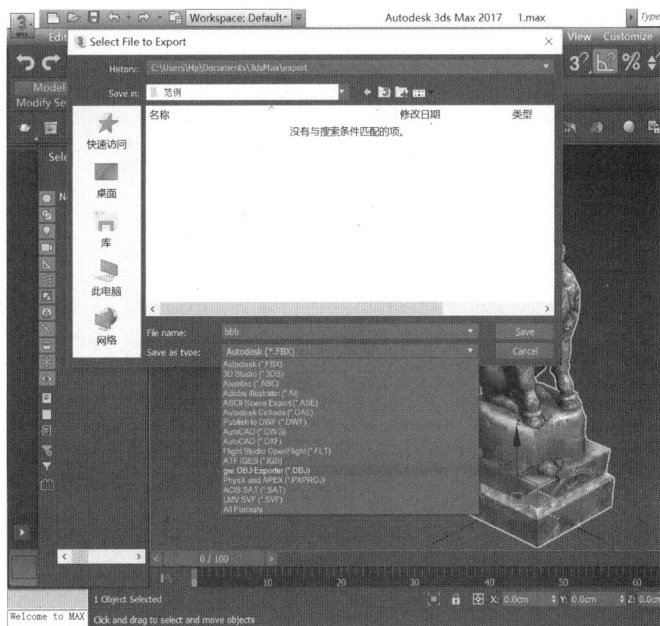

图 3-65　导出 OBJ 格式的模型

（9）在"OBJ 导出选项"对话框中，单击"材质导出"按钮，取消勾选"使用材质路径"复选框，并且在 OBJ 格式的模型中把路径打断，以免在导入 Creator 中时出现模型发白且贴图不显示的问题，如图 3-66 所示。

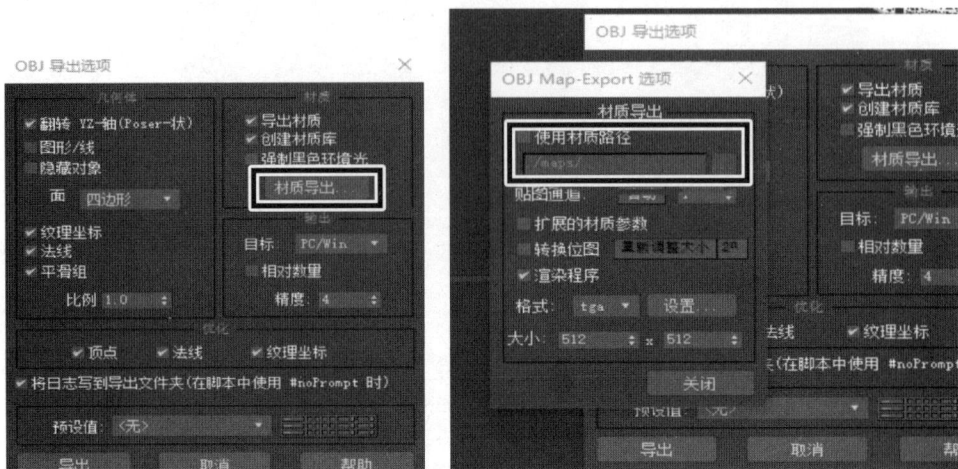

图 3-66　设置贴图路径

（10）单击"Export"按钮，这样就可以正确地导出 OBJ 格式的模型了，如图 3-67 所示。

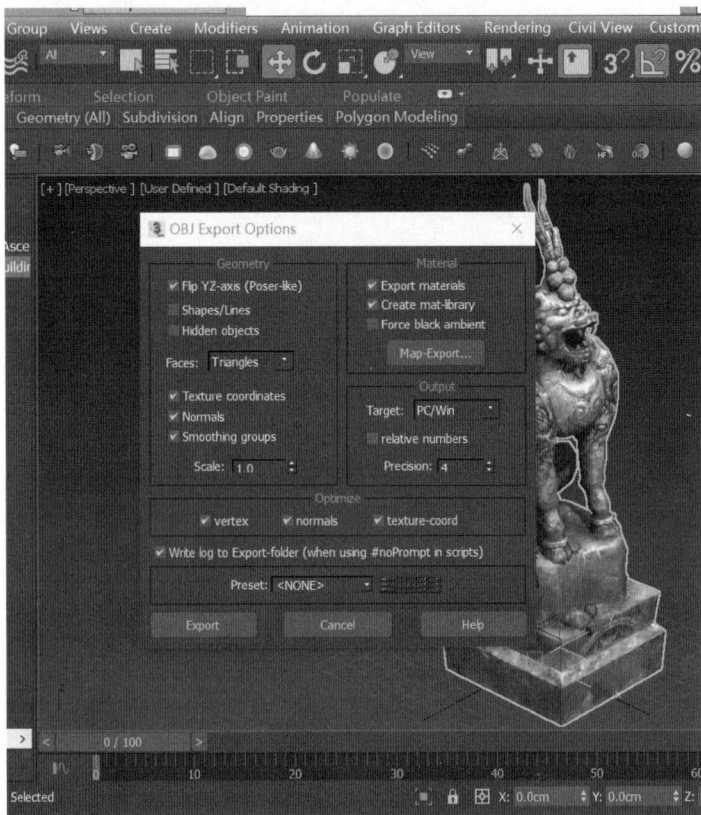

图 3-67　单击"Export"按钮

　　此时，文件夹中除了 3ds Max 模型和 PNG 格式的贴图，还生成了一个 OBJ 格式的文件和一个 MTL 格式的文件，如图 3-68 所示。这样一个完整的可导入 Creator 的 OBJ 格式的模型就生成了。FBX 格式的模型的导出方式与 OBJ 格式的模型的导出方式类似。

图 3-68　文件夹中的内容

　　（11）Creator 场景中的元件和热点均支持模型的导入。元件模型的导入方式为拖拽右侧的"模型"图标到场景中，如图 3-69 所示。

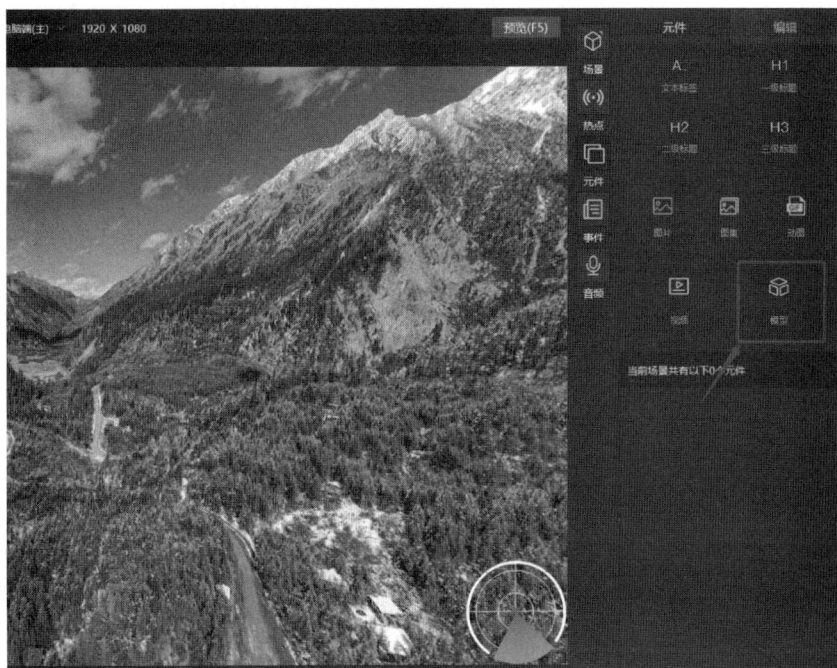

图 3-69　导入元件模型 1

　　（12）在将元件模型拖入场景后，在右侧面板中可以加载 OBJ 格式的模型，在左侧面板中可以设置旋转、缩放这个模型的比例和角度，如图 3-70 所示。

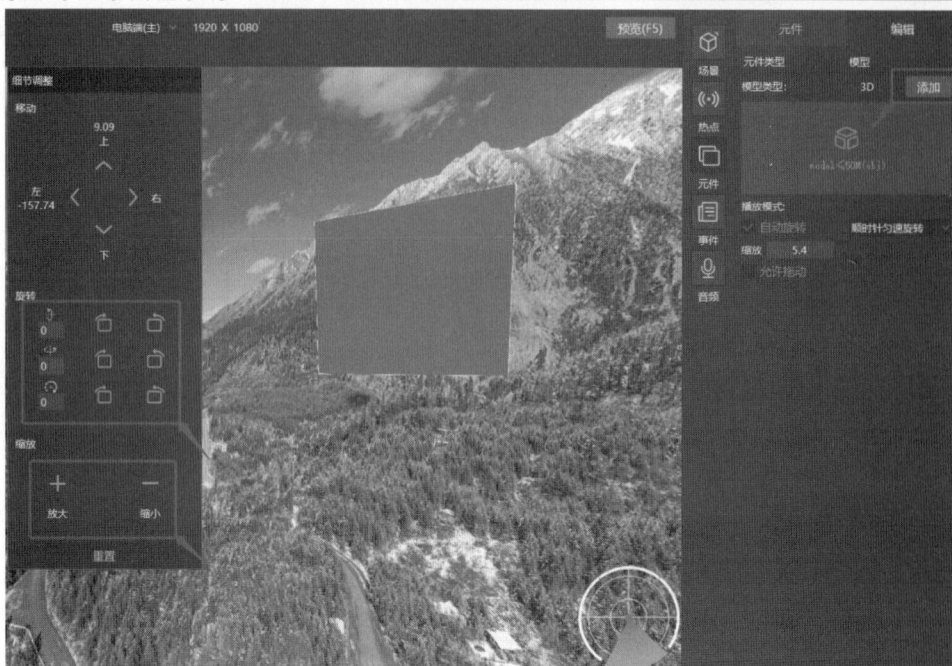

图 3-70　导入元件模型 2

（13）在加载成功后，可以设置模型在场景中是顺时针旋转，还是逆时针旋转，并且可以勾选"允许拖动"复选框。当在触控屏上展示场景时，可以通过单击拖动模型，如图 3-71 所示。

图 3-71　导入元件模型 3

（14）针对热点模型，在右侧面板中可以进行相应的属性修改，如"方向""旋转""缩放"等，如图 3-72 所示。

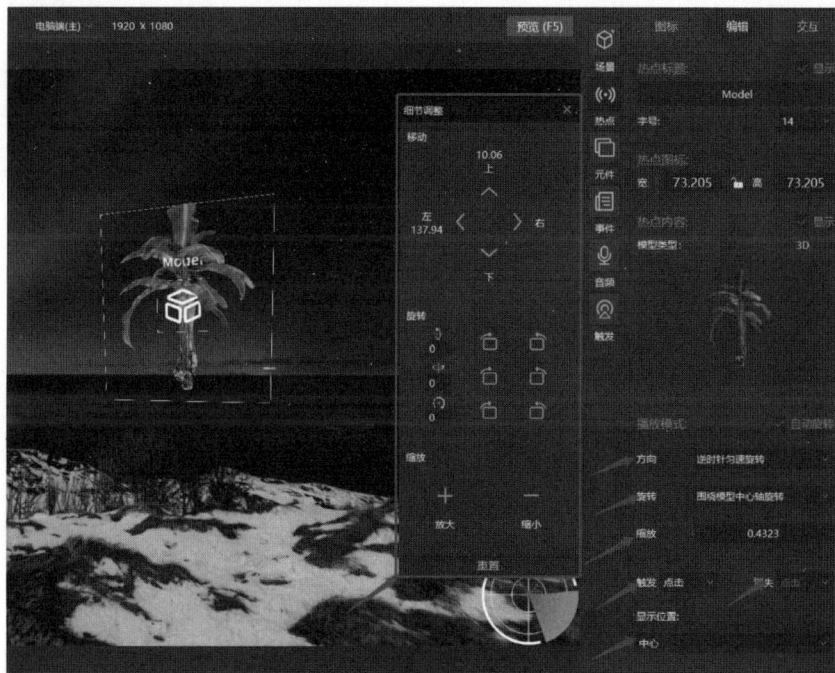

图 3-72　修改模型属性

（15）无论是热点模型，还是元件模型，用户在双击后，都支持打开三维查看器，在三维查看器中可以旋转、缩放模型。查看模型细节，如图 3-73 所示。

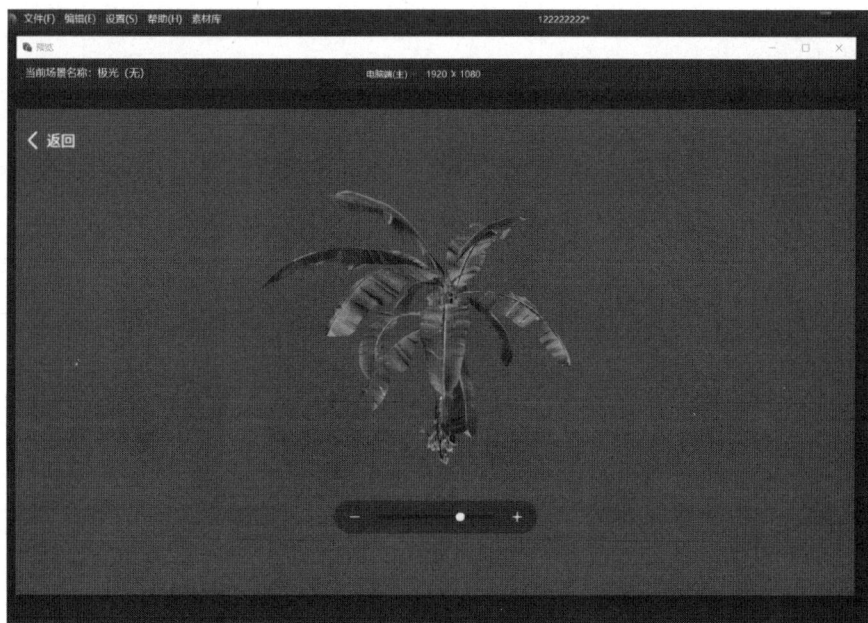

图 3-73　查看模型细节

2. Creator 实景拍摄内容制作流程

1）PC 端预览
PC 端预览效果如图 3-74 所示。

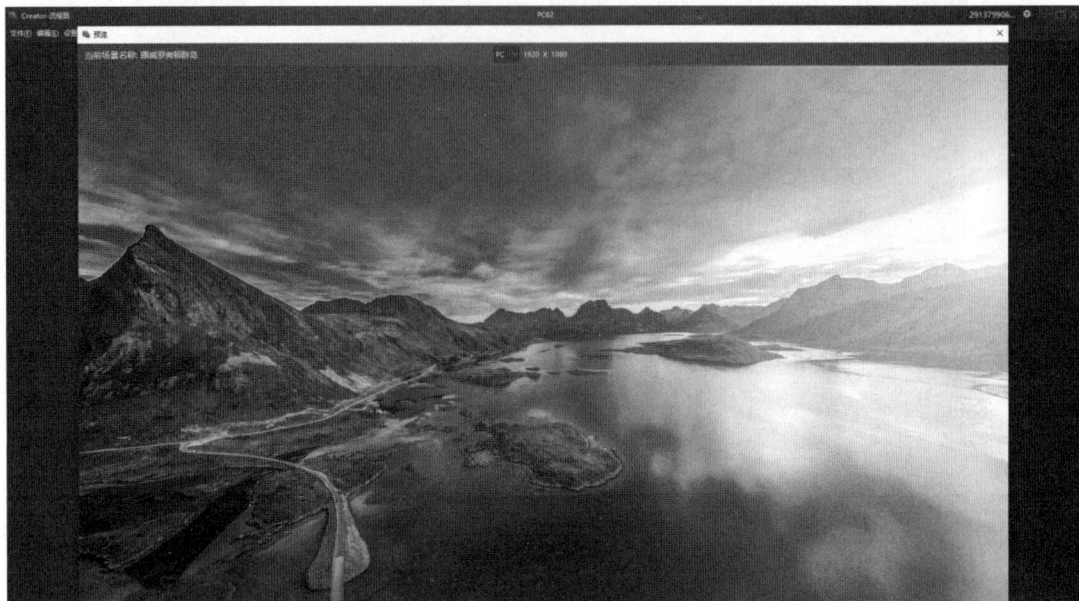

图 3-74　PC 端预览效果

2）一体机预览——有线 USB
USB 连接一体机和计算机即可实时预览编辑内容。一体机预览效果如图 3-75 所示。

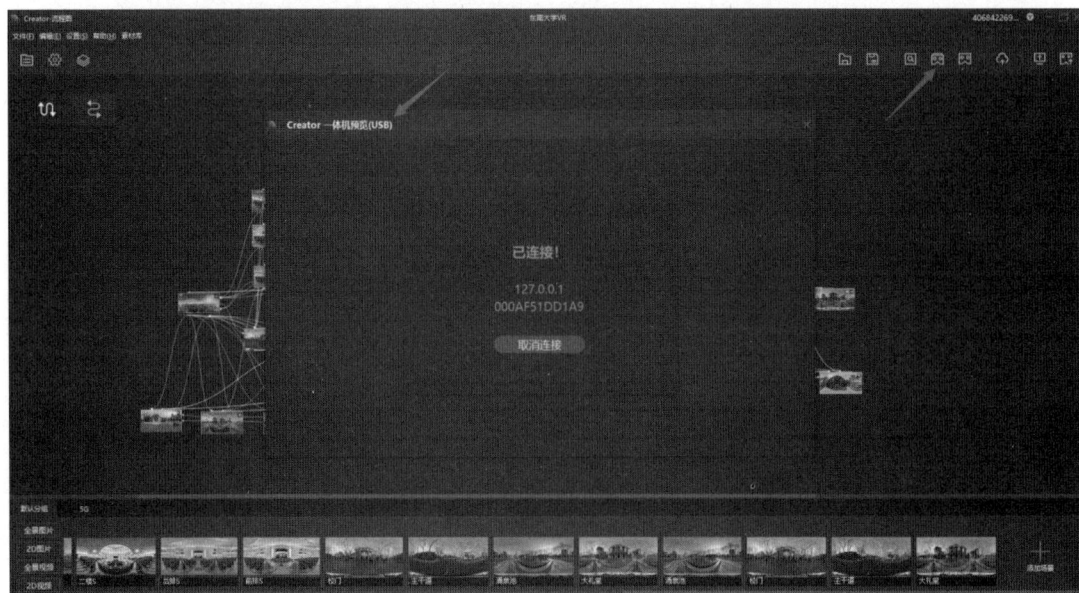

图 3-75　一体机预览效果

3）一体机预览——无线 Wi-Fi

通过以下操作步骤，可以保证一体机和 PC 端处于同一个网段下。一体机预览操作流程如图 3-76 所示。

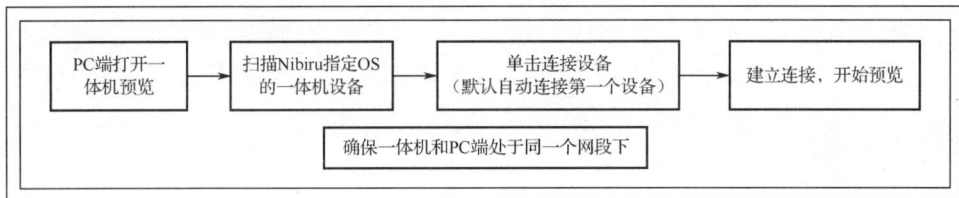

图 3-76 一体机预览操作流程

（1）硬件准备。Nibiru 推荐搭配：PC 端计算机一台（带有独立显卡和 Windows 10）；承载 Nibiru 指定的操作系统并带有 5G Wi-Fi 的一体机设备一台；带有 5G 信号的路由器一台（推荐 TL-WDR8500）。

（2）设置路由器，连接 5G Wi-Fi，确保一体机与 PC 端处于同一个网段下，如图 3-77 所示。

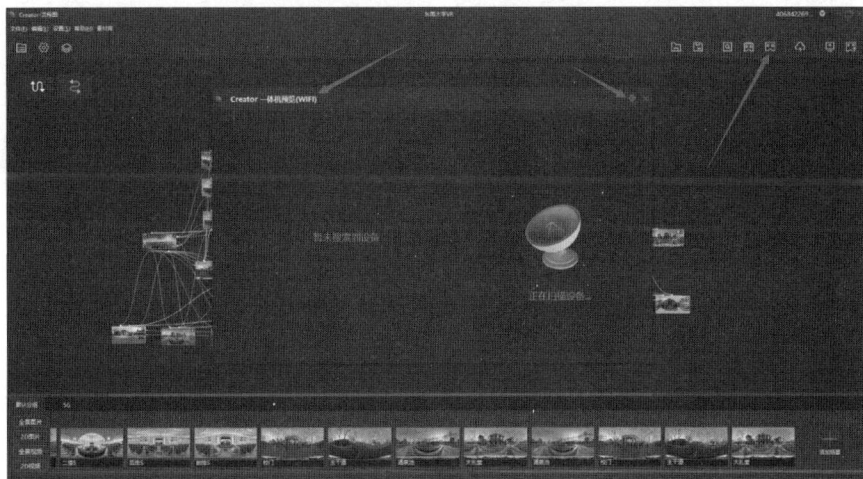

图 3-77 确保一体机与 PC 端处于同一个网段下

（3）一键发布到云端。设置微信面片信息，如标题名称、项目简介、缩略图，以及自定义项目启动画面、自定义项目 Logo、自定义项目控件 UI、显示联系方式（手机号+备注）、显示点赞和浏览量。项目 UI 自定义界面如图 3-78 所示。

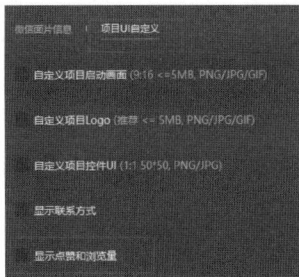

图 3-78 项目 UI 自定义界面

（4）项目可以生成普通链接和微信链接。普通链接无须审核处理即可生成，微信链接需要人工审核后生成。生成链接如图 3-79 所示。设置微信分享界面如图 3-80 所示。

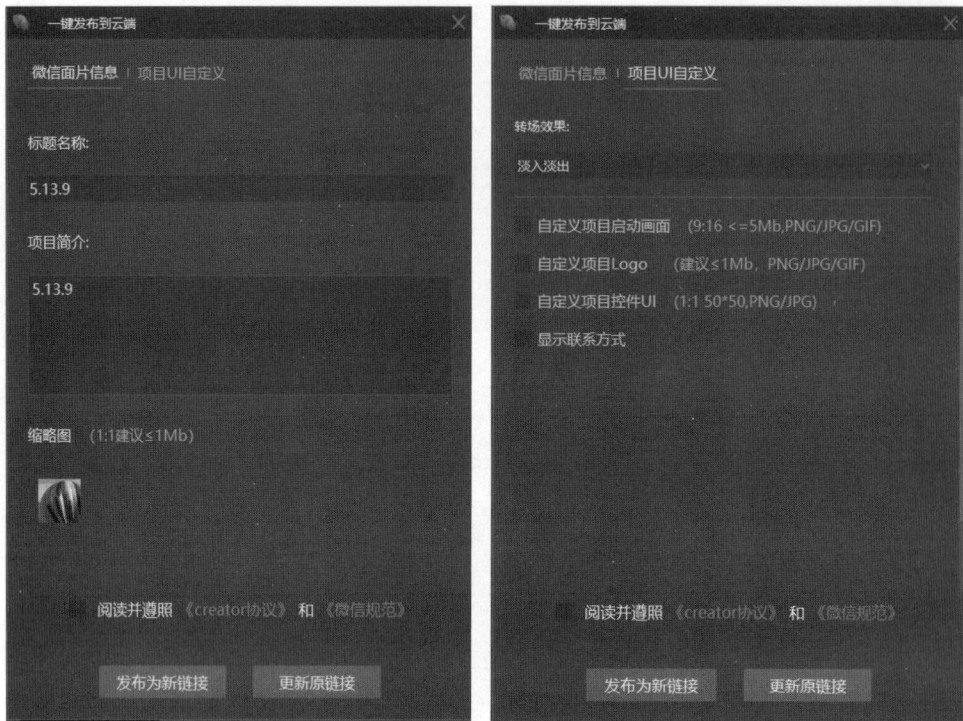

图 3-79　生成连接

图 3-80　设置微信分享界面

4）导出项目

（1）导出项目的类型分为"导出到本地"和"导出到设备"。

（2）正在编辑的文件格式为 NPJ 格式，导出后的文件格式为 NPT 格式。导出文件如图 3-81 所示。

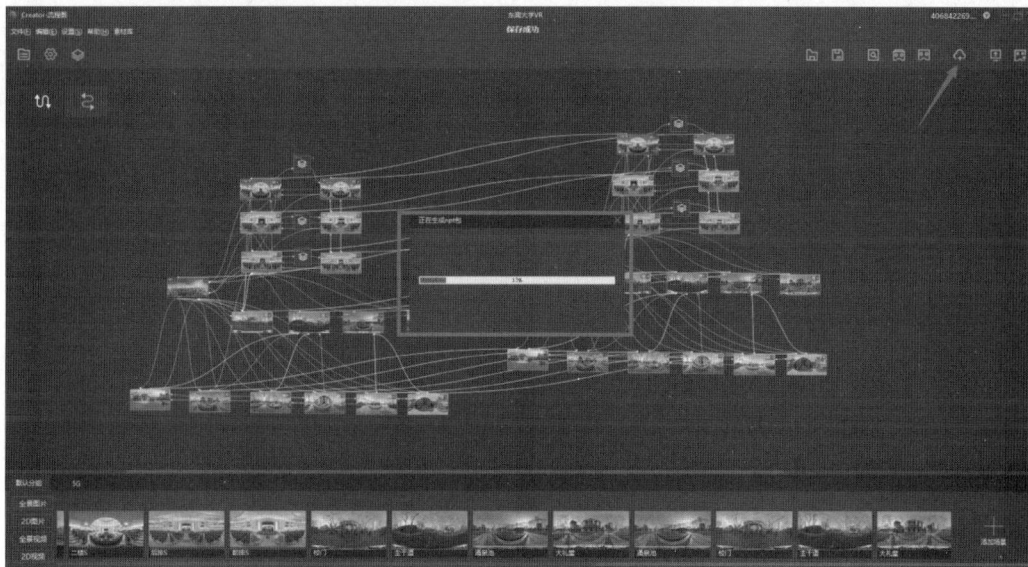

图 3-81　导出文件

（3）"导出到本地"新增"导出加密文件（付费增值）"功能。已开通加密服务的账号具有 NPJ 及素材加密功能，若未开通该功能则会弹出提示购买加密工具的界面。若不勾选"加密工程文件"复选框则不会对项目内容进行加密。"按渠道加密"表示对某一批设备进行整体加密（需要联系管理员定制开通渠道号）；"单台加密"表示仅对插入的一体机进行加密。

注意，加密的整个过程耗时会比较长，需耐心等待。加密界面如图 3-82 所示。提示购买加密工具界面如图 3-83 所示。导出文件界面如图 3-84 所示。

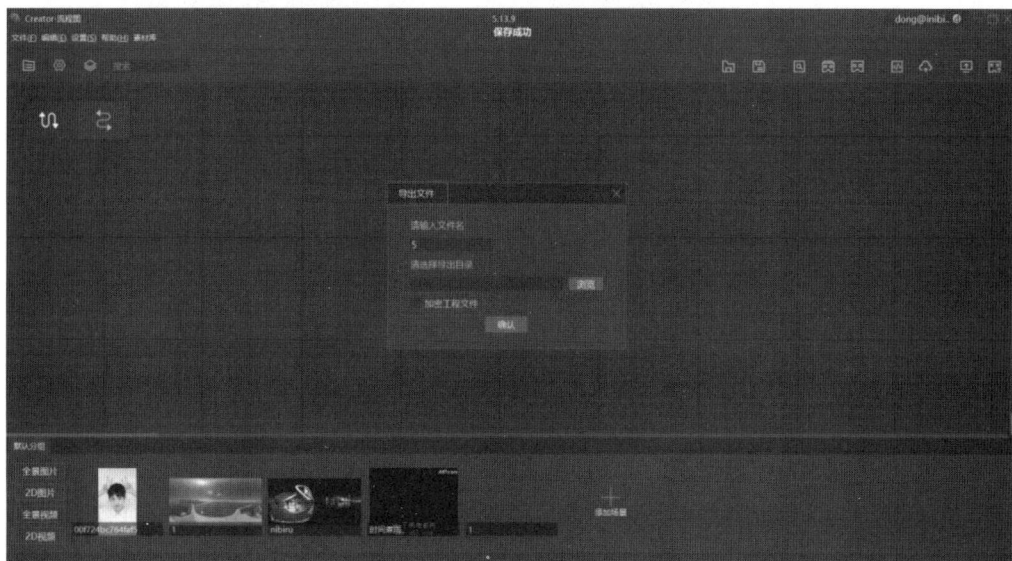

图 3-82　加密界面

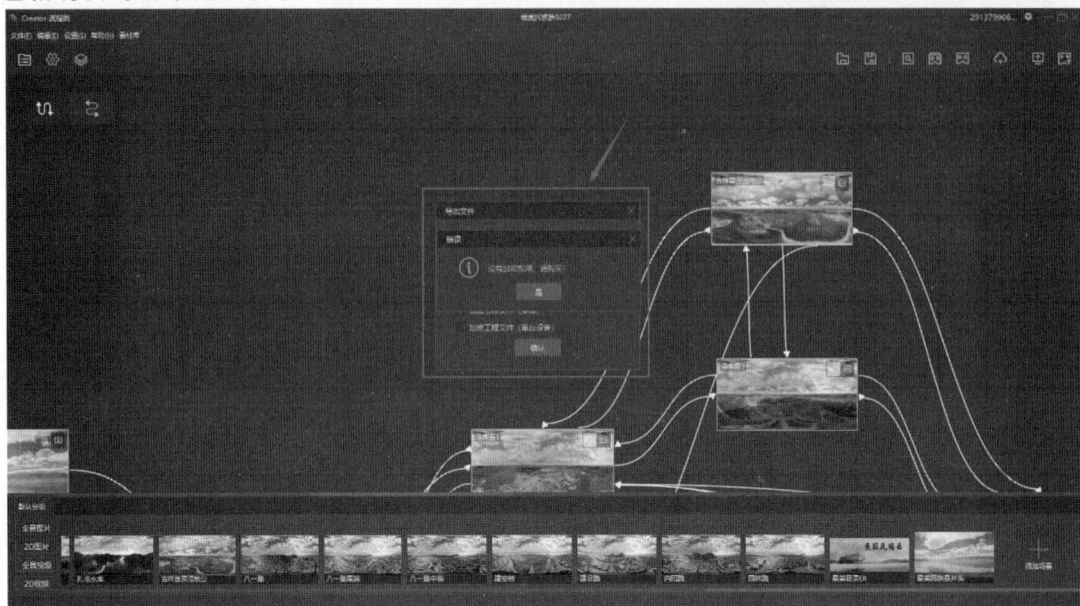

图 3-83　提示购买加密工具界面

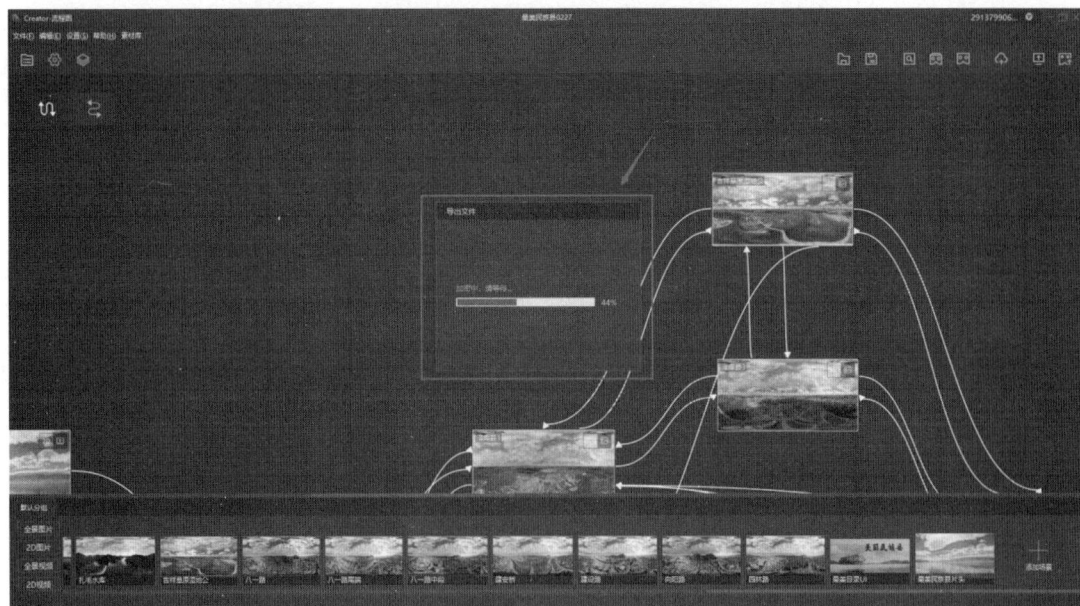

图 3-84　导出文件界面

5）加密工具

双击 加密工具.exe 图标进行安装。使用加密工具，可以对使用 Nibiru OS 的一体机写入解密串。在写入成功后，该台设备即可播放加密 NPT 格式。

注意，加密工具需配合一体机系统为 4.3 版本及以上版本使用。

（1）登录 Creator 加密工具，如图 3-85 所示。

打开加密工具后，使用 Creator 的开发者账号进行登录。

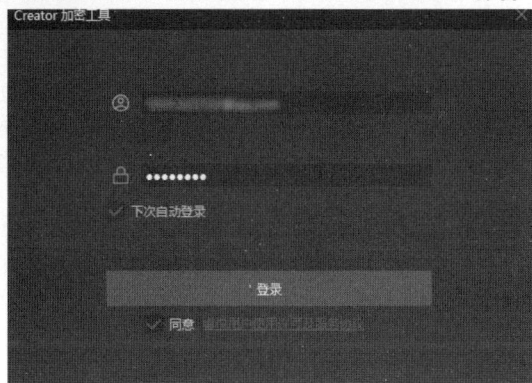

图 3-85　登录 Creator 加密工具

（2）选择设备，如图 3-86 所示。

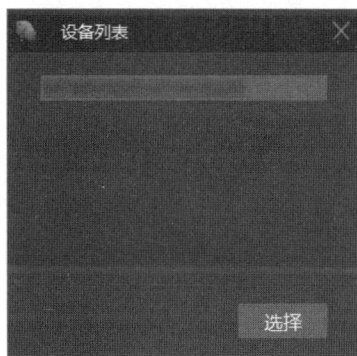

图 3-86　选择设备

注意，在使用加密工具时，应将一体机与 PC 端连接。

（3）写入加密密钥，如图 3-87 所示。

图 3-87　写入加密密钥

在选择设备后，即可写入加密密钥，完成加密。

练习题 14

姓　名		班　级	

1. 常见的数字视频格式有哪些？

2. 简述 Creator 模型导入的技术要点和注意事项。

3. 简述 Creator 的发布流程。